上海市中等职业教育改革发展特色示范学校建设教材
上海市城市建设工程学校(上海市园林学校) 组编

园林植物病虫害防治综合实训

主　编　马　波　李双全
副主编　王海菲　刘铁柱　翟晓宇

上海大学出版社
·上海·

内 容 提 要

本书根据中等职业学校园林相关专业标准或教学计划的要求，参考中级绿化工、植保工、花卉工职业资格认证所需要的相关知识与技能，结合上海市及华东地区园林绿化实际，围绕"植物病虫害初步诊断及调查"以及"植物病虫害防治及处理"两大模块，模拟真实的工作环境，以项目导向、任务引领为工作模式，设置了11个实训任务："植物病虫害初步诊断及调查"模块有园林植物病害的初步诊断等5个任务；"植物病虫害防治及处理"有园林植物叶部病害防治等6个任务。

本书可作为中等职业学校园林技术、园林绿化和植物保护专业的教材使用，也可作为园林绿化施工和养护技术人员的参考用书。

图书在版编目(CIP)数据

园林植物病虫害防治综合实训/马波，李双全主编.
—上海：上海大学出版社，2016.6（2022.2重印）
ISBN 978-7-5671-2298-7

Ⅰ.①园… Ⅱ.①马… ②李… Ⅲ.①园林植物-病虫害防治-中等专业学校-教材 Ⅳ.①S436.8

中国版本图书馆CIP数据核字(2016)第107232号

责任编辑　王悦生
封面设计　柯国富
技术编辑　金　鑫　钱宇坤

园林植物病虫害防治综合实训

主编　马　波　李双全
上海大学出版社出版发行
（上海市上大路99号　邮政编码200444）
(http://www.press.shu.edu.cn　发行热线 021-66135112)
出版人：戴骏豪

*

南京展望文化发展有限公司排版
江苏凤凰数码印务有限公司印刷　各地新华书店经销
开本 787×1092　1/16　印张 10.25　字数 205千字
2016年6月第1版　2022年2月第3次印刷
ISBN 978-7-5671-2298-7/S·003　定价：35.00元

上海市城市建设工程学校(上海市园林学校)
创建上海市中等职业教育改革发展特色示范校

教材编委会名单

主　任　朱迎迎
副主任　戴国平　曹　枫
委　员　程和美　邓旭萍　程　群
　　　　　汤建新　姜文琪　王伟英
　　　　　蔡丽琴　马　波　刘铁柱

前 言

本书是"上海市中等职业教育改革发展特色示范校建设'项目导向、产教结合的园林实训基地建设'项目"系列教材之一,作为园林技术、园林绿化和植物保护专业植物病虫害防治系列课程的配套用书,供学生进行课程实训时使用。

本书根据中等职业学校园林相关专业标准或教学计划的要求,参考中级绿化工、植保工、花卉工职业资格认证所需要的相关知识与技能,结合上海市及华东地区园林绿化实际,围绕"植物病虫害初步诊断及调查"以及"植物病虫害防治及处理"两大模块,模拟真实的工作环境,以项目导向、任务引领为工作模式,设置了11个实训任务:"植物病虫害初步诊断及调查"模块有园林植物病害的初步诊断等5个任务;"植物病虫害防治及处理"有园林植物叶部病害防治等6个任务。

本书由上海市城市建设工程学校(上海市园林学校)马波、李双全担任主编,负责全书的规划和统筹,由马波、李双全对全书进行统稿。本书任务2、任务4、任务6、任务10、任务11由马波编写;任务1、任务3由李双全编写;任务5、任务7由王海菲编写;任务8由刘铁柱编写;任务9由翟晓宇编写。

本书聘请钱又宇教授担任主审,在全书编写过程中,得到了编写人员所在学校领导和教师的大力支持,在此一并表示衷心的感谢!

本书在力求科学性、知识性的同时,突出新颖性、实用性和可操作性。本书可作为中等职业学校园林技术、园林绿化和植物保护专业的教材使用,也可作为园林绿化施工和养护技术人员的参考用书。

由于时间紧迫,编者水平有限,难免有不妥和疏漏之处,敬请批评指正。

编 者
2016 年 1 月

CONTENTS 目 录

任务 1	园林植物病害的初步诊断	001
任务 2	园林植物病虫害标本的采集和识别	009
任务 3	园林植物病原物的分离、培养	023
任务 4	园林植物病虫害的田间调查	034
任务 5	园林植物调运检疫证书的办理	044
任务 6	农药的配制、使用和防治效果评价	053
任务 7	园林植物叶部病害防治	063
任务 8	园林植物枝干和根部病害及杂草防治	071
任务 9	园林植物食叶和蛀干害虫防治	080
任务 10	园林植物刺吸和地下害虫防治	088
任务 11	园林植物害虫天敌昆虫调查	096
附录 1	常见病害、害虫和杂草识别特征及防治简述	105
附录 2	常见病害、害虫和杂草图片检索	153

任务 1
园林植物病害的初步诊断

实际案例

　　小徐是一个城市白领,工作之余,他在自己家里养了不少的花草。每天给花草浇浇水、松松土,看着它们生长、开花,他觉得很开心。但是,这几天有一件事让他很苦恼:家里的几盆栀子花出现了叶子变黄的现象,而且越来越严重。一开始,他认为应该是栀子花生病了,就买了一些杀菌剂喷洒,但没有效果。后来又怀疑是不是蚜虫危害造成的,于是又买了一些杀虫剂喷洒,依然没有效果。无奈之下,小徐打电话向一位园林行业的朋友小张求救。小张来到小徐家里,围着几盆栀子花左看右看,一边看一边摸摸叶片或者摸摸土壤。最后,小张告诉小徐,这些栀子花是因为缺铁导致了黄化病。小徐半信半疑,但还是按照朋友的意见买了肥料进行播撒。一段时间后,栀子花果然又恢复了健康。小徐很惊讶地给小张打电话,问他究竟是怎么看出来的,太神奇了! 小张嘿嘿一乐并告诉他,术业有专攻而已。

　　那么,小张到底是如何分辨植物得了什么病呢? 是像小徐那样胡乱猜测,还是依靠科学的调查呢? 其实,答案就在本任务的教学内容里面。

项目概述

　　植物生长在环境中,不可避免地会出现这样那样的疾病。植物病害治理的前提,就是判断出到底植物是得了哪一类病害,这就需要同学们掌握植物病害初步诊断的基本技能。本实训的主要内容就是园林植物病害的初步诊断。在这里,同学们可以学会怎样去科学地观察植物的生长状况,怎样去确定植物是不是得了传染病,怎样判断植物病害是真菌(或细菌、病毒、线虫)引起的等一系列问题。掌握了这些知识,不但会对本课程后续的实训环节有帮助,而且还有助于同学们考取绿化工、植保工等职业资格证书。

工作任务

1.1 目标要求

1.1.1 知识目标

(1) 掌握健康植物的形态特征；
(2) 掌握传染性病害和非传染性病害的症状特征和区别；
(3) 掌握常见真菌、细菌、病毒、线虫病害的症状特征；
(4) 熟悉病害初步诊断的一般程序。

1.1.2 技能目标

(1) 能判断常见的植物是否产生了病害；
(2) 能诊断植物病害是传染性病害还是非传染性病害；
(3) 能诊断植物传染性病害是哪类病原物危害引起的。

1.2 材料准备

手持扩大镜、记录本、标本夹、小手铲、小手锯、照相机(手机)、枝剪、图书、挂图、记录本等。

1.3 方法步骤

1.3.1 相关知识介绍

植物病害的初步诊断就是根据得病植物的特征、所处场所和环境条件，通过调查和分析，判断植物病害的类型，从而为进一步确定病害名称、发生原因、流行条件奠定基础。

植物病害分为非传染性病害(非侵染性病害)和传染性病害(侵染性病害)，两者的症状、植株的发病部位、发生发展情况都有所不同。

传染性病害的病原包括真菌、细菌、病毒和线虫，其中真菌病害的比重最大。不同病原物引起的病害具有不同的症状，相似病原物引起的病害具有相似性。可以根据得病植物的外部形态特征来判断病原物类型。

1.3.2 操作流程

操作流程如表1-1所示。

表 1-1 操作流程一览表

工作环节	操作要点	操作要求
确定调查对象	选取适当地点进行病害的初步诊断。	调查地点选择要在随机选择的基础上，兼顾典型性和代表性。
确定诊断调查方法	首先观察植物病害的群体表现，再观察其个体表现，两者综合分析，进行判断。	观察植物病害整体表现时，还应该结合环境条件和气象条件资料。
诊断病害传染性	通过观察症状、病症、病害分布及发生情况等，判断是非传染性病害还是传染性病害。	诊断时还应结合地形、土质、施肥、耕作、灌溉和其他特殊环境条件，进行认真分析。
诊断传染性病害的病原类型	根据植物病害的不同症状，判断植物病原物是真菌还是细菌、病毒或线虫。	病原物类型的诊断，要求诊断者必须牢记真菌、细菌、病毒、线虫等不同病原病害症状的不同特征。

1.3.2.1 确定调查对象

1. 操作规程

选取上海市城市建设工程学校（上海市园林学校）（以下简称"上海城建（园林）学校"）青浦校区的部分植物种植区域或者当地苗圃、绿地、小区或公园，进行病害的初步诊断。

2. 操作要求

调查地点选择要在随机选择的基础上，兼顾典型性和代表性。

1.3.2.2 确定诊断调查方法

1. 操作规程

植物病害诊断的调查，一般是首先观察植物病害的群体表现，再观察其个体表现，两者综合分析，进行判断。

（1）观察群体表现。观察内容包括病害在区域内如何分布，其空间动态和时间动态如何变化，是个别零星发生还是大面积成片发生，是由点到面发生还是短时间同时发生，发病部位是随机的还是一致的，开始发病时间、生长发育阶段等。

（2）观察个体表现。观察包括病害症状的局部和整株、地上和地下、内部和外部、病症和病状表现以及症状的变化、气味等。

2. 操作要求

观察植物病害整体表现时，还应该结合环境条件和气象条件资料，例如土壤环境、周边生态（地势、工厂、水源、生物等）以及近期温湿度和降雨情况。上述资料查阅文献档案等方式获得。

1.3.2.3 诊断病害传染性

1. 操作规程

诊断病害传染性,即判断植物病害是传染性病害还是非传染性病害。

对当地已发病的园林植物进行观察,注意病害的分布、植株的发病部位、病害是成片发生还是有发病中心、发病植物所处的小环境等,如果所观察到的植物病害症状是叶片变色、枯死、落花、落果、生长不良等现象,病部又找不到病原物,且病害在田间的分布比较均匀而成片,可判断为是非传染性病害;否则可能是传染性病害。

如果猜测植物病害可能是营养缺乏引起,除了症状识别外,还应该进行施肥试验。

2. 操作要求

诊断时还应结合地形、土质、施肥、耕作、灌溉和其他特殊环境条件,进行认真分析。

1.3.2.4 诊断传染性病害的病原类型

1. 操作规程

根据植物病害的不同症状,判断植物病原物是真菌还是细菌、病毒或线虫。

(1) 真菌性病害的初步诊断。

对已发病的园林植物进行观察时,若发现其病状有:① 坏死型——猝倒、立枯、疮痂、溃疡、穿孔和叶斑病等;② 腐烂型——苗腐、根腐、茎腐、杆腐、花腐和果腐病等;③ 畸形型——癌肿、根肿、缩叶病等;④ 萎蔫型——枯萎和黄萎病等;除此之外,病害在发病部位多数具有以下病征:霜霉、白锈、白粉、煤污、白绢、菌核、紫纹羽、黑粉和锈粉等,则可诊断为真菌病害。

对病部不容易产生病征的真菌性病害,可以采用保湿培养,以缩短诊断过程。即取下植物的受病部位,如叶片、茎秆、果实等,用清水洗净,置于保湿器皿内,在20℃~23℃培养1~2昼夜,往往可以促使真菌孢子的产生,然后再作出鉴定。对还不能确诊的病害,可进行室内镜检,对照病原物确定病害的种类。

(2) 细菌性病害的初步诊断。

田间诊断时若发现其症状是坏死、萎蔫、腐烂和畸形等不同病状,但其共同特点是在植物受病部位能产生大量的细菌,以致当气候潮湿时从病部气孔、水孔、伤口等处有大量黏稠状物——菌脓溢出,可以判断为细菌性病害,这是诊断细菌病害的主要依据。

若菌脓不明显,可窃取小块病键交界部分组织,放在载玻片的水滴中,盖上盖玻片,用手指压盖玻片,将病组织中的菌脓压出组织外。然后将载玻片对光检查,看病组织的切口处有无大量的细菌呈云雾状溢出,这是区别细菌性病害与其他病害的简单方法。如果云雾状不是太清楚,也可以带回室内镜检。

(3) 病毒性病害的初步诊断。

植物病毒性病害没有病征,常具有花叶、黄化、条纹、坏死斑纹和环斑、畸形等特异性病状,田间比较容易识别。但有时常与一些非侵染性病害相混淆,因此,诊断时应注意病害在田间的分布,发病与地势、土壤、施肥等的关系;发病与传毒昆虫的关系;症状特征及其变化、是否有由点到面的传染现象等,在此基础上进行诊断。

当不能确诊时,要进行传染性试验。如对一种病毒病的自然传染方式不清楚时,可采用汁液摩擦方法进行接种试验。如果不成功,可再用嫁接的方法来证明其传染性,注意嫁接必须以病株为接穗而以健株为砧木,嫁接后观察症状是否扩展到健康砧木的其他部位。

(4) 线虫病的初步诊断。

线虫病主要诱发植物生长迟缓、植株矮小、色泽失常等现象,并常伴有茎叶扭曲、枯死斑点,以及虫瘿、叶瘿和根结瘿瘤等的形成。一般讲,通过对有病组织的观察、解剖镜检或用漏斗分离等方法均能查到线虫,从而进行正确的诊断。

2. 操作要求

病原物类型的诊断,要求诊断者必须牢记真菌、细菌、病毒、线虫等不同病原病害症状的不同特征,在此基础上,通过严格按照 1.3.2.2 节所述的调查方法进行调查,才能做到准确诊断。

1.3.3 教师示范

根据本实训操作的特点,教师选取操作过程中的一个关键步骤,即传染性病害和非传染性病害的诊断,面向学生进行操作演示和示范教学。

教师示范过程中,同学要认真观察和记录,记住其操作要点,为接下来实际操作打下基础。记录过程时,要充分利用手机等多媒体工具,通过笔记、照片和录像相结合的方式强化学习效果。

1.3.4 实际操作

(1) 学生分成小组,原则上 3 人一组,经过组内人员分工和任务分解,共同制定病害诊断的调查方法;

(2) 每个学生小组根据实训操作流程对所在区域内的植物病害进行初步诊断;

(3) 整理数据和资料,完成实训报告。

实训操作过程中,要注意以下事项:

(1) 不同类型的病原也可能产生相似或相同病状,需要结合病症和植物生长发育情况进行综合判断。

(2) 相同的病原在不同的植物上可能有完全不同的症状,需要对常见植物的病害特征非常熟悉。

(3) 缺素症、黄化症等生理病害的症状与病毒病的症状类似,要注意区分。

(4) 在病部的坏死组织上,可能会有腐生菌,容易引起误诊。

1.4 安全风险

本实训操作的安全风险等级:低。

本实训操作的安全风险问题主要有以下几个方面:

1.4.1 生态风险

植物病害的废料处理可能会对环境造成二次污染,同时增加病虫害人为传播的风险。

1.4.2 操作安全

实训操作不当可能会造成一系列安全风险:进入树丛进行病害观察时,可能会被枝条划伤身体。

1.5 考核评价

本实训的考核评价标准分为过程评价和结果评价两部分。参加实训的每位同学达到合格标准的基本要求是学习态度端正、实训操作熟练规范、能够高质量地完成实训调查报告。具体考核评价要求见"实训学习效果考核标准"(表1-2)。教师根据每位同学的实训情况,填写"学生学习效果考核评价表"(表1-3),完成考核评价。

表1-2 实训学习效果考核标准

评价类别	评价内容	分值	评价标准			
			A	B	C	D
过程评价	学习态度	5分	5分:学习态度端正,认真听讲和记录,积极思考,操作亲力亲为。	4分:学习态度较端正,听讲较认真,操作亲力亲为。	3分:能聆听教师的教学,有记录,操作基本可以做到亲力亲为。	0分:学习态度不端正,不听讲,不思考,不操作。

(续表)

评价类别	评价内容	分值	评价标准 A	评价标准 B	评价标准 C	评价标准 D
过程评价	团队合作	5分	5分：积极融入团队，与其他成员密切合作，互相帮助。	4分：整个团队分工较明确，基本可以做到权责清晰，分工合作。	3分：团队能按时完成工作任务，有分工，有合作。	0分：一盘散沙，团队涣散，没有明确分工。
过程评价	操作规范程度	15分	15分：操作和动作规范有序。	12分：操作和动作较规范，有个别不规范之处。	9分：操作能顺利完成，但部分操作有错误。	0分：不会操作，或乱操作。
过程评价	操作熟练程度	15分	15分：整个操作过程中，各步骤的操作非常熟练，动作流畅。	12分：操作步骤熟练，动作较为流畅，不拖泥带水。	9分：操作可以顺利完成，但部分操作和动作不熟练。	0分：不会操作，或乱操作。
过程评价	场地清洁	10分	10分：随时保持操作区域的整洁，整个操作区干净卫生、无杂物，工具摆放有序。	8分：操作区域较为整洁，工作结束后进行全面扫除，工具摆放有序。	6分：操作过程中没有卫生工作，但操作结束后进行了全面清洁，场地较整洁。	0分：没有进行场地清洁，或者清洁工作敷衍了事。
结果评价	调查报告	50分	50分：调查表格内容详实；数据准确；数据处理正确；调查报告完整、详实。	40分：调查表格内容全面；数据处理准确；调查报告完整。	30分：完成调查表格；进行了数据处理；完成调查报告。	0分：未完成调查表格和调查报告。
总分		100分				

说明：
1. 考核评价标准由过程评价和结果评价两部分组成。过程评价50分，结果评价50分，总分100分。
2. 考核通过的要求是总分达到70分及以上，并且结果评价达到30分及以上。符合下列两种情况之一者，本次实训为不合格：
(1) 过程评价和结果评价相加的总分未达到70分；
(2) 结果评价分数未达到30分（不管总分是否达到70分）。

表1-3　学生学习效果考核评价表

班级：

姓名（学号）	过程评价					结果评价	总分（100分）
	学习态度（5分）	团队合作（5分）	操作规范（15分）	操作熟练（15分）	场地清洁（10分）	调查报告（50分）	

说明：
1. 过程评价以小组为单位进行。每个小组的过程评价分数即为组内各同学的过程评价分数。
2. 结果评价以小组为单位进行。

实训报告

同学们根据实训报告格式和要求，在实训手册上完成实训调查报告（以小组为单位）。调查报告具体要求如下：

（1）题目：某某地区园林植物病害初步诊断的调查；

（2）第一段阐述调查地点的总体情况，包括面积、植物栽培情况（如数量、种类、种植类型、社会地位等），阐述进行调查的目的、时间地点、调查主要内容等；

（3）正文部分分若干段以文字与图片形式分类阐述调研发现的病害与虫害类型，阐明不同的症状，辨别的依据；并介绍此类病害的发生特点。

（4）结尾阐明结论，收获体会。

（5）实训报告字数要求在800字以上。

考证提示

获得植保工、绿化工、花卉工、种苗工及技师资格证书，需具备以下知识和能力：

（1）知识点：了解园林植物致病病原微生物的不同类型、症状特征。

（2）技能点：熟悉植物病害的症状类型；能够对植物病害进行初步诊断。

任务 2
园林植物病虫害标本的采集和识别

实际案例

公园作为城市建设重要组成部分,在绿化环境、净化空气等方面发挥着不可替代的作用。A公园位于某城市的北部,地处繁华地段,是市民游憩休闲的好去处。市民王先生是这个公园的常客,几乎每天都会在公园里锻炼和游憩,对这里的一草一木都很熟悉。不久前,他发现公园里的不少垂柳叶子上面出现了很多小疙瘩,于是便告诉了养护工人李师傅。李师傅没有见过这种东西,只是根据以往的经验认为这是蚜虫造成的,于是用杀蚜虫的农药喷施了几遍。但是没有什么效果,相反长小疙瘩的垂柳越来越多了。无奈之下,李师傅把问题汇报给了公园管理处的技术员小赵。小赵是园林专业的大学毕业生,对植物保护的知识也比较了解。他通过仔细观察,判断这些长在垂柳叶子背面的小疙瘩是虫瘿,而且根据虫瘿的大小判断这不是蚜虫虫瘿,而是螨虫虫瘿。经过几天的持续调查,他终于发现了造成虫瘿的元凶,确实是一种不认识的螨虫。随后,他通过观察虫体,结合形态学和分类学的专业知识,查阅分类检索表和相关知识,确定这种螨虫就是垂柳上一种重要的害虫——柳刺皮瘿螨。查清楚罪魁祸首之后,小赵和李师傅一起对症下药,对害虫和垂柳进行了相关的处理,这些烦人的叶片小疙瘩很快得到了控制,并随着植物叶片更新逐步减少,直至消失。

在这个例子里,为什么李师傅判断不出造成垂柳叶片小疙瘩的原因,而技术员小赵可以呢?小赵是通过什么方法和技术确定了罪魁祸首呢?如果你就是技术员小赵,你能不能判断出小疙瘩的原因呢?其实,答案就在本任务的教学内容里面,小赵所运用的方法就是园林植物病虫害标本采集和识别技术。

项目概述

防治植物病虫害,确保植物健康生长的前提是必须判断出造成植物受害的害虫或病原种类,这就需要同学们掌握采集和识别植物害虫和植物病害的基本技能。本实训的主要内容就是园林植物病虫害标本的采集和识别。在这里,同学们可以学会怎么进行标本采集的准备工作,什么标本才算典型的病虫害标本,通过哪些方法、手段和工具采集标本,刚采集的标本怎么临时保存,怎么对标本进行处理,怎么对标本进行识别和鉴定等一系列问题。掌握了这些知识,不但会对本课程后续的实训环节有帮助,而且还有助于同学们考取绿化工、植保工等职业资格证书。

工作任务

2.1 目标要求

2.1.1 知识目标

(1)掌握昆虫标本的采集和简单保存的技术要求;
(2)掌握昆虫识别的形态学知识;
(3)掌握植物病害标本的采集和简单保存的技术要求;
(4)掌握植物病害识别的病征病状知识。

2.1.2 技能目标

(1)能熟练进行昆虫和植物病害标本的采集和简单保存;
(2)能熟练运用形态学知识对常见植物害虫进行识别;
(3)能熟练运用病征病状知识对常见植物病害进行识别。

2.2 材料准备

2.2.1 通用材料和工具

挖土采集工具(铁耙、铁铲、电工刀、枝剪、小锯等)、放大镜、枝剪、镊子、小毛笔、铅笔、针、线、胶布、标签纸、记录本、牛皮筋等。

2.2.2 昆虫采集和识别所需材料和工具

(1)工具:体视显微镜、捕虫网(包括空网、水网、刮网、扫网等)、吸虫管、毒瓶、三角包、活虫采集盒、采集袋、诱虫灯、展翅板、昆虫针、大头针、三级台、指形管。

（2）试剂：75%乙醇、敌敌畏。

（3）工具书：昆虫图册、昆虫分类检索表等分类资料。

2.2.3 植物病害采集和识别所需材料和工具

（1）工具：显微镜、标本夹、标本纸、挑针、载玻片、盖玻片、培养皿、烧杯、电炉、玻璃棒、标本瓶、刀片。

（2）试剂：福尔马林、乙醇、醋酸铜粉末、乙酸、苯甲酸、硝酸钾、甘油、亚硫酸、氯化锌、蜂蜡、松香、凡士林。

（3）工具书：病害图册等分类资料。

2.3 方法步骤

2.3.1 相关知识介绍

昆虫标本的采集方法主要包括网捕法、观察搜索法、捕捉法、诱集法、击落法。其中最常用的是网捕法。根据用途不同，用于网捕法的捕虫网分为空网、水网、刮网、扫网等四种类型。

昆虫标本的制作一般可分为干制标本、浸渍标本、玻片标本等三种类型。昆虫标本制作完成后，要粘贴标签。

昆虫特别是害虫的识别主要观察其外部形态，同时结合其在寄主上的危害症状。外部形态主要包括翅的类型、足的类型、触角的类型、口器的类型、头胸腹三部分的特征、体表颜色及翅的花纹、蛹的类型等。在寄主上的危害症状主要包括叶片缺刻、虫瘿、植物表面丝线、植物表面蜡质、蜜露等。在昆虫成虫识别时，一般先根据翅的类型判断其所属目，再根据其他形态特征或危害症状，借助分类检索表判断具体种类；在昆虫幼虫识别时，一般根据虫体形态、虫体颜色和花纹以及危害症状等特征，借助幼虫图册或分类检索表判断具体种类。

植物病害标本采集时，要将有病部位连同一部分健康组织一同采下。采集的方法与植物标本的采集方法基本相同。

植物病害标本的制作一般分为干制标本、浸渍标本、显微切片等三种类型。病害标本制作完成后，要粘贴标签。

植物病害的识别主要观察其病征和病状，同时结合寄主的整体生长情况。植物病害病状主要包括变色（失绿、黄化、花叶、明脉等）、坏死（叶斑、溃疡、猝倒、叶枯、炭疽等）、萎蔫（青枯、黄萎）、腐烂（干腐、湿腐、软腐、流胶）、畸形（肿瘤、丛枝、矮化、卷叶、徒长等），植物病害病征主要包括霉状物、粉状物、点状物、颗粒状物（菌核）、脓状物（菌脓）、索状物等。

在植物病害识别时，一般先寻找并观察病害的病状，初步判断病害类型。再结合病征的观察,必要时借助显微镜对病征进行检验,查阅病害图册或分类检索表判断具体病害种类。

2.3.2 操作流程

操作流程如表2-1所示。

表2-1 操作流程一览表

工作环节	操作要点	操作要求
捕虫网的制作	制作空网、扫网、水网、刮网	制作捕虫网时,要根据实训地点实际环境选择性制作,并非四种网必须都要使用。制作过程中要时刻注意操作安全,避免被竹竿、铁丝等物品伤害。
吸虫管的制作	利用广口瓶,制作简易吸虫管	制作吸虫管时,要根据实训地点实际环境选择性制作,并非必须使用。制作过程要时刻注意操作安全,避免被玻璃管等物品伤害。
毒瓶的制作	按照安全操作程序,制作毒瓶	注意实验室的通风通气,制作毒瓶时人须站在上风口,须戴口罩操作,药品严禁接触皮肤;毒瓶做成后,操作者要洗净手和脸。瓶口要盖紧,注意毒瓶的妥善保管,避免中毒事故发生。谨慎操作,注意安全。
浸渍液的配制	制作常用的昆虫和病害标本浸渍液	根据实际需要,按比例配制相关浸渍液。操作时注意实验室的通风通气;配制过程要戴手套进行操作。
分组并制定采集路线	学生分组,制定采集路线	学生分组时,要考虑男女搭配和成绩高低搭配。路线选择要具有代表性,应尽可能覆盖所要采集标本的范围。
采集标本	灵活应用各种方法,采集昆虫和病害标本	注意标本的典型性和完整性;真菌病害要采集含子实体的;新病害要有不同阶段的症状表现,利于病害诊断;捕捉幼虫时,用镊子轻夹,避免毒蛾等幼虫对捕捉者皮肤伤害;谨慎操作,注意安全。
简易标本制作	采用适当的方法,制作简易的昆虫和病害标本	昆虫针插标本一定要找准针插位置,避免破坏昆虫虫体;适于干制的病害标本,要随采随夹,尤其是容易干燥卷缩的标本,要立即压制;病害干制标本时,要每天勤换已经潮湿的纸张,防止标本腐烂变色;浸渍标本的指形管或标本瓶要封口严密,防止浸渍液散失。
病虫害识别	根据形态特征和病害症状,对采集到的标本进行识别	识别昆虫和病害种类时,可采用小组讨论、教师指导的方式,共同讨论确定具体种类;种类识别要耐心细致,不可粗心大意;填写植物害虫和病害名称要规范和完整。
填写标本汇总表	按规定填写标本汇总表	填写昆虫和病害名录时,要名称规范、完整,信息准确,各组之间可进行展示比较。
清理操作场地	对操作场地进行清洁	清理工作要贯穿于整个实训操作过程中,时刻保持场地整洁;清洁工作要做到门窗洁净、地面干净、操作台整洁、工具摆放有序,废料及时处理,养成良好的工作习惯。

2.3.2.1 捕虫网的制作

1. 操作规程

(1) 空网(图2-1)。用来采集蝴蝶、蜂类等善飞的昆虫。网圈用粗铁丝弯成,直径约33 cm,两端长出的末端弯成小钩,固定在网柄上。为了携带方便也可做成对折形。网柄长约1 m,用木棍、竹竿制成。网袋用透气、坚韧、淡色的尼龙纱、纱布等制成。网的长度应超过网圈直径的1倍。袋底略圆,以利于将捕获的昆虫装进毒瓶。袋口用布镶边,内穿网圈。

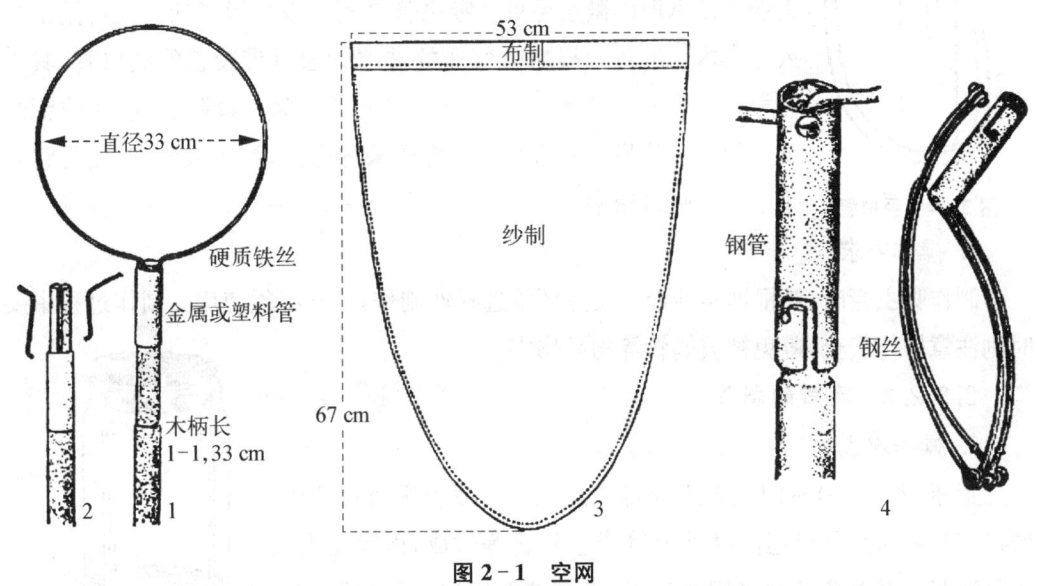

图2-1 空网

1—空网的装置;2—网圈连接网柄的方法;3—网袋的裁制;4—可拆卸、折叠的网圈

(2) 扫网。制作方法与空网相同。但因用来扫捕树丛、杂草丛中隐蔽的昆虫,因而要用较结实的白布或亚麻布制作网袋,网框、网柄都要选择坚固的材料,以承受网扫时较大阻力。扫网的网底也可做成开口式,用时将网底扎住,网扫后打开网底,可将昆虫直接倒入容器或毒瓶。

(3) 刮网(图2-2)。在树皮上采集昆虫时,可用粗铝丝作架,前面连接上一段有弹性的钢条,缝上白布的网袋,底端可捆扎上个小瓶,以便接虫。

(4) 水网(图2-3)。用来采集水生昆虫。根据水域深浅,河、溪的宽窄,水草的稀密及所

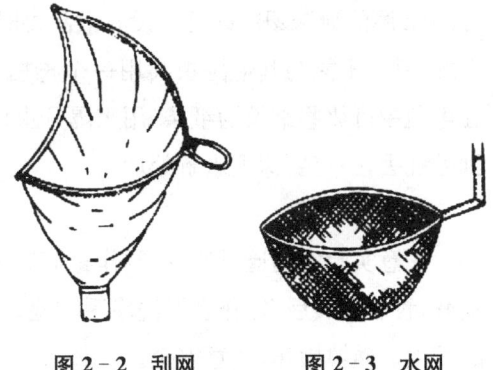

图2-2 刮网　　**图2-3 水网**

采的昆虫种类来选择网的规格和种类。做水网的材料要坚固耐用,用铜纱、铝纱、马尾毛、尼龙丝或亚麻织成的布制作。浅水捕捞的水网和空网相似,深水捕捞的网口和网柄要垂直。

2. 操作要求

制作捕虫网时,要根据实训地点实际环境选择性制作,并非四种网必须都要使用。制作过程中要时刻注意操作安全,避免被竹竿、铁丝等物品伤害。

2.3.2.2 吸虫管的制作

1. 操作规程

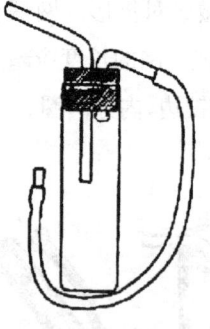

图 2-4 吸虫管

吸虫管(图2-4)是专门用来采集蚜虫、小蜂、蓟马、粉虱等身体柔弱不易拿取的微小昆虫。吸虫管是利用吸气形成的气流将昆虫吸入容器内。准备两根略微弯曲的玻璃管通过带胶盖的吸虫管,其中一根玻璃管的外端按上胶皮管并接上吸气球,内端捆上纱布或铜纱罩。使用时将另一根弯管口对准要采的昆虫,按动吸气球,便可将要采的昆虫吸入瓶中。

2. 操作要求

制作吸虫管时,要根据实训地点实际环境选择性制作,并非必须使用。制作过程中要时刻注意操作安全,避免被玻璃管等物品伤害。

2.3.2.3 毒瓶的制作

1. 操作规程

图 2-5 毒瓶

毒瓶(图2-5)专门用来迅速毒杀昆虫。一般应用封盖严密、磨口广口瓶和直径较粗的厚玻璃管或塑料管等做成,以保证毒气不易泄漏。毒杀药品常采用敌敌畏,将其铺在底层,压实后,铺一层锯末屑,压平后再在上面加一层石膏粉,此层不宜厚,压平实,滴上清水,用干净毛笔均匀涂抹,使其成硬块。简便的方法是将氰化钾或敌敌畏撒在脱脂棉上,用纱布包好,放在瓶底,压实后上盖一层硬纸板,再盖一层约 0.5 cm 厚的泡沫塑料即可。没有敌敌畏时,可用乙醚或醋酸乙烷代替也可。使用时应注意蝶、蛾类不能与其他昆虫共用一个毒瓶,以免碰坏鳞片,更不能用来毒杀软体的幼虫。在毒瓶中可放些细长的纸条,用来隔开虫体,以免互相冲撞受损。旧毒瓶或损坏破碎不能到处乱丢,一定要深埋水解处理。

2. 操作要求

注意实验室的通风通气,制作毒瓶时人须站在上风口,须戴口罩操作,药品严禁接触皮肤;毒瓶做成后,操作者要洗净手和脸。瓶口要盖紧,注意毒瓶的妥善保管,避免中毒事故发生。谨慎操作,注意安全。

2.3.2.4 浸渍液的配制

1. 操作规程

(1) 昆虫浸渍液。

配制 75% 乙醇溶液(25 份水+75 份无水乙醇)。

(2) 病害浸渍液。

一般浸渍液：福尔马林 50 mL+无水乙醇 300 mL+水 2 000 mL。

绿色标本浸渍液：将醋酸铜粉末慢慢倒入 50% 乙酸溶液中,用玻璃棒轻轻搅动,直至粉末不再溶解为止,即达到饱和程度,加水稀释 3~4 倍使用。使用时,将此溶液加热至沸腾,投入标本继续加温,标本颜色又绿变黄、又由黄变绿至恢复原色,取出用清水漂洗几次,最后保存于无气味保存液(乙醇 150 mL+苯甲酸 1.5 g+硝酸钾 15 g+甘油 10 mL,加水至 1 000 mL)中。

黄色标本浸渍液：4%~10% 亚硫酸溶液。

红色标本浸渍液：氯化锌 200 g 溶于 4 000 mL 水中,再加福尔马林 100 mL 及甘油 100 mL,过滤后使用。

2. 操作要求

根据实际需要,按比例配制相关浸渍液。操作时注意实验室的通风通气;配制过程要戴手套进行操作。

2.3.2.5 分组并制定采集路线

1. 操作规程

根据班级情况和实训现场实际,分成 4~6 个学生小组,各自组成工作组。每个工作组独立完成后续实训。分组完成后,结合实际情况,在青浦实训基地的林场、绿地、园林景观等地,选择合适的采集路线。

2. 操作要求

学生分组时,要考虑男女搭配和成绩高低搭配。路线选择要具有代表性,应尽可能覆盖所要采集标本的范围。

2.3.2.6 采集标本

1. 操作规程

掌握适当的采集时期,沿选定路线,分组采集植物病虫害标本,采集结束后及时挂好标签,做好采集记录,同时利用相机拍摄照片。

(1) 采集害虫标本时,可采用网捕法、观察搜索法、击落法、诱集法、捕捉法进行,遇到成虫、卵、幼虫、蛹和被害状,要全部采集。

1) 网捕法：捕捉空中善飞的昆虫时,要动作敏捷、轻快,迎头一兜,并立即将网口转折过来,将网底下部连虫一起甩到网圈上来,防止昆虫跑掉。此时握住网底上方,揭开毒瓶盖,将毒瓶送入网底,使所采昆虫进入毒瓶。

2) 观察搜索法：在昆虫栖息场所寻找昆虫,如地下害虫生活在土中,叶部害虫生活在枝叶上；根据植物被害状寻找昆虫，如叶子发黄，可能找到红蜘蛛、叶蝉、蜡象等刺吸式口器的害虫。

3）捕捉法：对地面爬行或栖息在植物表面、活动迟缓的昆虫，可用镊子或徒手捕捉。

4）诱集法：对蛾类等有趋光性的昆虫，可在晚间用灯光诱集；夜蛾等有趋化性的昆虫，可用糖醋液诱集；利用昆虫特殊生活习性，设置诱集场所，如树干绑草，可诱集到多种昆虫。

5）击落法：对高大树木上的昆虫，可用摇晃树干震落的方法进行捕捉。

(2) 采集植物病害标本时，仔细观察寻找植物发病部位，症状要典型，采集时要将病部连同部分健康组织一起采下。

2. 操作要求

注意标本的典型性和完整性；真菌病害要采集含子实体的；新病害要有不同阶段的症状表现，利于病害诊断；捕捉幼虫时，用镊子轻夹，避免毒蛾等幼虫对捕捉者皮肤伤害；谨慎操作，注意安全。

2.3.2.7　简易标本制作

1. 操作规程

(1) 昆虫简易标本制作：一般采用针插标本的方法制作简易的昆虫标本。针插标本一般是将昆虫针直刺虫体胸部背面的中央，穿过虫体后插入硬塑料薄膜板加以固定。不同类的昆虫针插都有一定的部位(图 2-6)。

一般采用浸渍法制作简易的昆虫幼虫和蛹标本。浸渍标本是把幼虫、蛹，用浸渍液浸泡在指形管或标本瓶中。

(2) 病害简易标本制作：一般用干制标本法制作简易病害标本。叶片和嫩枝病害标本，夹在多层吸水纸中，用标本夹夹紧，置于通风干燥处，最初 3 天，每天换 2 次纸，之后每天换一次纸，让标本干燥。

水分较多的标本，一般用浸渍法制作标本。制作方法与昆虫浸渍标本制作基本相同。

2. 操作要求

昆虫针插标本一定要找准针插位置，避免破坏昆虫虫体；适于干制的病害标本，要随采随压，尤其是容易干燥卷缩的标本，要立即压制；病害干制标本时，要每天勤换已经潮湿的纸张，防止标本腐烂变色；浸渍标本的指形管或标本瓶要封口严密，防止浸渍液散失。

2.3.2.8　病虫害识别

1. 操作规程

根据昆虫的形态特征和危害症状，查阅昆虫图册或分类检索表，识别昆虫标本的种

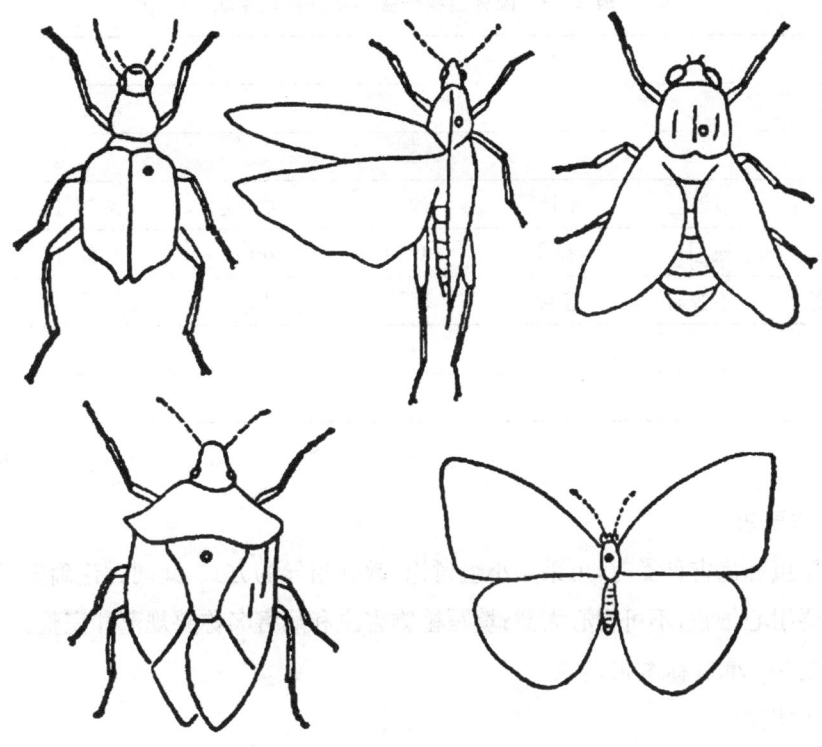

图 2-6　不同类型昆虫的针插位置

类;根据病害的病症和病状,查阅病害图册或分类检索表,识别病害标本的种类。识别完成后,要及时贴好标签,注明编号、采集时间、地点、采集人等信息,同时填写"园林植物害虫标本采集记录表"(表 2-2)和"园林植物病害标本采集记录表"(表 2-3)。

表 2-2　园林植物害虫标本采集记录表

受害植物名称:					
害虫名称:					
采集地点:					
产地及环境:	坡地□	平地□	沙土□	壤土□	黏土□
危害部位:	根□	茎□	叶□	花□	果实□　种子□
害虫发生情况:	不普遍□	普遍□	轻□	中□	重□
采集人:					
采集编号:					

年　月　日

表 2-3　园林植物病害标本采集记录表

寄主名称：

病害名称：

采集地点：

产地及环境：	坡地☐	平地☐	沙土☐	壤土☐	黏土☐
受害部位：	根☐	茎☐	叶☐	花☐	果实☐	种子☐
病害发生情况：	不普遍☐	普遍☐	轻☐	中☐	重☐

采集人：

采集编号：

年　月　日

2. 操作要求

识别昆虫和病害种类时，可采用小组讨论、教师指导的方式，共同讨论确定具体种类；种类识别要耐心细致，不可粗心大意；填写植物害虫和病害名称要规范和完整。

2.3.2.9　填写标本汇总表

1. 操作规程

根据采集和识别的昆虫和病害标本，填写完成"园林植物害虫标本汇总表"（表2-4）和"园林植物病害标本汇总表"（表2-5），并完成实训报告。

表 2-4　园林植物害虫标本汇总表

采集人：　　　　　　　　　　　　　　　　　　　　　　　　　　　　年　月　日

编　号	危害植物名称	害虫名称	所属目	采集地点	危害部位	发生情况

表 2-5　园林植物病害标本汇总表

采集人：　　　　　　　　　　　　　　　　　　　　　　　　　　　　年　月　日

编　号	寄主名称	病害名称	采集地点	受害部位	产地环境	发生情况

2. 操作要求

填写昆虫和病害名录时,要名称规范、完整,信息准确,各组之间可进行展示比较。

2.3.2.10　清理操作场地

1. 操作规程

实训操作全部完成后,对各种设备和工具进行分类和整理,并按要求放回原处;对操作过程中产生的各种废料进行集中和处理,一般情况下作垃圾处理,特殊废料按规定处理;对操作场地进行清洁,打扫卫生,保持操作场地整洁。

2. 操作要求

清理工作要贯穿在整个实训操作过程中,时刻保持场地整洁;清洁工作要做到门窗洁净、地面干净、操作台整洁、工具摆放有序,废料及时处理,养成良好的工作习惯。

2.3.3　教师示范

根据本实训操作的特点,教师选取操作过程中的六个关键步骤,即捕虫网制作、吸虫管制作、毒瓶制作、昆虫五种采集方法、干制标本制作、病虫害识别程序,面向学生进行操作演示和示范教学。

教师示范过程中,同学要认真观察和记录,记住其操作要点,为接下来实际操作打下基础。记录过程时,要充分利用手机等多媒体工具,通过笔记、照片和录像相结合的方式强化学习效果。

2.3.4　实际操作

(1) 学生根据实训的总体操作流程和要求,集体完成捕虫网、吸虫管、毒瓶等工具和浸渍液等溶液的制作(配制);

(2) 学生分成小组,经过组内人员分工和任务分解,协同合作完成标本采集、标本制作、病虫害识别、病虫害资料汇总以及场地清理等实训操作,并完成相关报表和实训报告。在操作过程中,要注意以下事项:

1) 对不认识的寄主植物要注意采集其枝、叶、花、果实等部分,以便识别和鉴定其名称;

2) 腐烂的果实标本及柔软的肉质标本,要先以标本纸分别包裹,然后装在标本箱或者标本袋中,并且不能装得太多,以免污染和挤坏标本;

3) 昆虫的足、翅、触角极易破坏,要小心保护;

4) 各种标本应具有一定的数量(3份以上),便于识别和保存。

2.4 安全风险

本实训操作的安全风险等级：低。

本实训操作的安全风险问题主要有以下几个方面：

2.4.1 生态风险

标本采集过程中，可能会对植物生存环境和植物体本身带来破坏；标本制作的废料处理可能会对环境造成二次污染，同时增加病虫害人为传播的风险。

2.4.2 操作安全

实训操作不当可能会造成一系列安全风险：捕虫网制作时，金属管材可能伤害手指；吸虫管制作时，玻璃管可能划伤皮肤；毒瓶制作和浸渍液配制时，可能引起药品中毒；采集标本时，可能会被枝条划伤身体；标本制作时，昆虫针可能会扎伤身体。

2.5 考核评价

本实训的考核评价标准分为过程评价和结果评价两部分。参加实训的每位同学达到合格标准的基本要求是学习态度端正、实训操作熟练规范、能够在采集的标本中准确识别至少3种病害和3种害虫。具体考核评价要求见"实训学习效果考核标准"（表2-6）。教师根据每位同学的实训情况，填写"学生学习效果考核评价表"（表2-7），完成考核评价。

表2-6 实训学习效果考核标准

评价类别	评价内容	分值	评价标准			
			A	B	C	D
过程评价	学习态度	5分	5分：学习态度端正，认真听讲和记录，积极思考，操作亲力亲为。	4分：学习态度较端正，听讲较认真，操作亲力亲为。	3分：能聆听教师的教学，有记录，操作基本可以做到亲力亲为。	0分：学习态度不端正，不听讲，不思考，不操作。
	团队合作	5分	5分：积极融入团队，与其他成员密切合作，互相帮助。	4分：整个团队分工较明确，基本可以做到权责清晰，分工合作。	3分：团队能按时完成工作任务，有分工，有合作。	0分：一盘散沙，团队涣散，没有明确分工。

(续表)

评价类别	评价内容	分值	评价标准 A	评价标准 B	评价标准 C	评价标准 D
过程评价	操作规范程度	15分	15分：操作和动作规范有序。	12分：操作和动作较规范,有个别不规范之处。	9分：操作能顺利完成,但部分操作有错误。	0分：不会操作,或乱操作。
过程评价	操作熟练程度	15分	15分：整个操作过程中,各步骤的操作非常熟练,动作流畅。	12分：操作步骤熟练,动作较为流畅,不拖泥带水。	9分：操作可以顺利完成,但部分操作和动作不熟练。	0分：不会操作,或乱操作。
过程评价	场地清洁	10分	10分：随时保持操作区域的整洁,整个操作区干净卫生、无杂物,工具摆放有序。	8分：操作区域较为整洁,工作结束后进行全面扫除,工具摆放有序。	6分：操作过程中没有卫生工作,但操作结束后进行了全面清洁,场地较整洁。	0分：没有进行场地清洁,或者清洁工作敷衍了事。
过程评价	实训作品情况	10分	10分：病害和昆虫标本数量丰富,种类多,归类整齐,摆放有序,识别准确,标签信息详细。	8分：病害和昆虫标本数量较多,种类较多,归类整齐,识别准确,贴有标签。	6分：病害和昆虫标本有一定数量,有一定种类,进行了归类,识别错误很少,贴有标签。	0分：病害和昆虫标本数量很少,种类单一,没有归类,杂乱放置。
结果评价	病虫害识别情况	40分	40分：能准确识别8种及以上病害和8种及以上害虫。	32分：能准确识别6种病害和6种害虫。	24分：能准确识别3种病害和3种害虫。	0分：基本不认识病害和昆虫种类,无法进行识别。
总分		100分				

说明：

1. 考核评价标准由过程评价和结果评价两部分组成。过程评价60分,结果评价40分,总分100分。

2. 考核通过的要求是总分达到70分及以上,并且结果评价达到24分及以上。符合下列两种情况之一者,本次实训为不合格：

(1) 过程评价和结果评价相加的总分未达到70分；

(2) 结果评价分数未达到24分(不管总分是否达到70分)。

表 2-7　学生学习效果考核评价表

班级：

姓名（学号）	过程评价						结果评价	总分（100分）
	学习态度（5分）	团队合作（5分）	操作规范（15分）	操作熟练（15分）	场地清洁（10分）	实训作品（10分）	病虫害识别（40分）	

说明：
1. 过程评价以小组为单位进行。每个小组的过程评价分数即为组内各同学的过程评价分数。
2. 结果评价以学生为单位进行。每位同学分别在教师的要求下对病虫害进行识别，完成结果评价。

实训报告

同学们根据实训报告格式和要求，在实训手册上完成实训报告。在实训报告的实训结果中，要完成"园林植物害虫标本汇总表"（表 2-4）和"园林植物病害标本汇总表"（表 2-5）。

考证提示

获得植保工、绿化工、花卉工、种苗工及技师资格证书，需具备以下知识和能力：
（1）知识点：昆虫外部形态、昆虫变态类型、昆虫幼虫和蛹的类型、昆虫主要类群特征、植物病害的症状类型。
（2）技能点：正确使用体视显微镜和显微镜；熟悉昆虫外部形态；熟悉植物病害的症状类型；会使用检索表；能熟练采集昆虫（病害）标本。

任务 3
园林植物病原物的分离、培养

实际案例

现代化生态城市的建设,需要大量的绿色植物。为了适应城市对绿色植物特别是乔灌木的大量需求,众多的园林公司和苗圃基地在城市周边涌现。小赵承包的苗圃基地就是其中一个。他的苗圃在上海市郊区,主要种植和经营广玉兰、桂花、无患子、红枫等上海市常用的园林绿化树种。有一天,小赵发现他苗圃中的广玉兰树叶上出现大小不一的变色斑块和斑点,斑块中间颜色较浅,上面还有很多小黑点。随着时间的推移,这些现象越来越严重。小赵很着急,不知道这是什么原因造成的。

小赵找到了当地的园林植保专家。专家到实地去查看之后,推测广玉兰应该是患上了炭疽病。但是为了慎重起见,专家在采集了广玉兰出现斑块和黑点的树叶之后,在实验室里面进行了一系列的研究和操作,最后确定广玉兰确实患有炭疽病。在专家的指导下,小赵的广玉兰树得到了有效的治疗,很快就恢复了健康。

在这个例子里,专家在拿到发病的叶片后究竟是采取了什么方法,最后确定了具体的病害类型呢?这种方法的具体操作又是什么呢?其实,答案就在本任务的教学内容里面,专家所运用的方法就是园林植物病原物的分离和培养技术。

项目概述

防治植物病害,需要同学们掌握病害及病原的识别和鉴别技术。对于一些比较罕见的植物病害,需要对致病的病原物进行分离和培养,通过病害症状和病原物特征综合判断病害名称,确保防治效果。本实训的主要内容就是园林植物病原物的分离和培养。在这里,同学们可以学会怎么分离病害病变部位,怎么对工具和材料进行消毒和灭菌,怎么制作常用的培养基,怎么对病原物进行分离和培养等一系列问题。掌握了这些知识,会对本课程后续的实训环节有帮助。

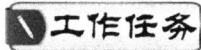

3.1 目标要求

3.1.1 知识目标

(1) 掌握病原物分离培养的基本原理；
(2) 掌握常见致病真菌菌丝体的形态和生物学特性。

3.1.2 技能目标

(1) 能熟练进行培养基的制作；
(2) 能独立开展病原物分离工作；
(3) 能对病原物进行组织培养。

3.2 材料准备

3.2.1 工具

灭菌室、超净工作台、接种箱、恒温箱、烘箱或红外线干燥箱、紫外线灭菌灯、电炉、铝锅、天平、烧杯、量筒、培养皿、高压灭菌锅、试管、三角瓶、铁丝试管筐、试管架、漏斗、接种针、接种环、试管、解剖刀、镊子、解剖剪、酒精灯、显微镜、载玻片、盖玻片、挑针、贮水滴瓶、手持喷雾器、纱布、棉花、玻璃棒、铅笔等。

3.2.2 材料

马铃薯、蔗糖（葡萄糖）、琼脂、牛肉膏、蛋白胨、新采集的植物真菌或细菌病害典型症状植株。

3.2.3 试剂

福尔马林、高锰酸钾、0.1%升汞、肥皂、漂白粉、酒精、蒸馏水等。

3.3 方法步骤

3.3.1 相关知识介绍

植物病害的鉴定和诊断，特别是致病病原的确定，需要根据科赫法则进行相应操作。

本实训内容就是科赫法则的一种简化。

科赫法则的主要内容是：① 在病株患病部位常可发现可能的病原菌；② 病原菌常可在培养基被分离培养；③ 纯培养的病原菌应接种至与病株相同品种的健康植株,并产生与病株相同的病征；④ 从接种的病株上以相同的分离方法应能再分离出病原菌,且其特征与由原病株分离的应完全相同。

严格地说,科赫法则并不能适用于所有的植物病原。绝对寄生性病原,如锈病菌、露菌、白粉菌、病毒等,无法进行纯粹培养。因此必须以其他的方法分离、纯化或培养在生物体中,才能进一步证明其中病原性。

虽然科赫法则费时、费力,却是不得不进行的验证。因为只有按照该法则才能证明病原菌的病原性,任何病害的病原菌若未经科赫法则或其他类似的方法证明其病原性,将不具任何说服力。

3.3.2 操作流程

操作流程如表 3-1 所示。

表 3-1 操作流程一览表

工作环节	操 作 要 点	操 作 要 求
培养基配制	制作 PDA 和 NA 培养基及平板培养基。	进行培养基配制时,要根据病害初步判断的结果是真菌病害还是细菌病害来确定培养基类型。制作过程要时刻注意操作安全,避免被电炉、热水、玻璃器皿等物品伤害。
灭菌	对不同材料采用相应方法进行灭菌操作。	培养基和玻璃器皿必须经过灭菌才能使用。灭菌过程需严格按照灭菌设备使用说明操作,同时注意操作安全,避免被蒸汽或高温物品烫伤。
分离材料选择和处理	选择合适的病部材料并作相应的消毒处理。	切割材料时,注意刀具的正确使用,避免割伤自己和他人;升汞有剧毒,使用过程中注意操作安全,避免中毒。
分离培养	针对不同的病害,采用相应的组织分离法等方法对病原物进行分离培养。	根据实际需要,采用相应的分离方法对病原物进行分离和培养。操作要严格按照无菌操作程序进行。
人工接种	把培养出来的疑似病原物接种到健康寄主上,观察发病情况。	人工接种时,应详细记载接种日期、地点、方法、寄主和病原菌的详细信息。接种后要定期进行观察,详细记载发病情况和病害症状特点等。
清理操作场地	对操作场地进行清洁。	清理工作要贯穿在整个实训操作过程中,时刻保持场地整洁;清洁工作要做到门窗洁净、地面干净、操作台整洁、工具摆放有序,废料及时处理,养成良好的工作习惯。

3.3.2.1 培养基配制

1. 操作规程

植物病原常用的固体培养基有两种：马铃薯葡萄糖琼脂培养基(PDA)和牛肉膏蛋白胨培养基(NA)。

(1) 马铃薯葡萄糖琼脂培养基(PDA)。

PDA 一般为培养真菌的培养基。

1) 配方：

马铃薯	200 g;
葡萄糖	20 g;
琼脂	17～20 g;
水	1 000 mL

2) 配制方法：

称量洗净去皮的马铃薯 200 g，称量葡萄糖 20 g、琼脂 17～20 g；将马铃薯切成小块，加水 1 000 mL，煮沸约 0.5 h，用纱布滤去马铃薯残渣；在马铃薯滤液中加入琼脂，继续加热使琼脂完全熔化，注意琼脂加热过程中需控制火力，以免溢出或烧焦，加入葡萄糖并补入适量的热水，定容为 1 000 mL。适于真菌生长的 pH 值为偏酸性，可不调 pH 值；分装于三角瓶或试管中，一般以瓶高的 1/3 较为合适，试管内的培养基做斜面的约装 5 mL，做平板的约装 10 mL，注意培养基不可沾污试管口和瓶口；加棉塞，棉塞的 1/3 在外，2/3 在内，拔出时有"嘭"的轻微爆破声，表明其大小合适；将试管约每 10 支捆扎好，棉塞部分用牛皮纸包好，牛皮纸上用铅笔或玻璃铅笔注明培养基种类、配制日期、组别等；摆斜面在灭菌后进行，将试管口搁置在一定高度的木条上，斜面的长度以不超过试管总长的 1/2 为宜。待培养基完全冷却后即成斜面。

(2) 牛肉膏蛋白胨培养基(NA)。

NA 一般为培养细菌的培养基。

1) 配方：

牛肉浸膏	3～5 g;
蛋白胨	5～10 g;
葡萄糖	2.5 g;
琼脂	17～20 g;
水	1 000 mL

2) 配制方法：

将琼脂加水 1 000 mL 煮至熔化后，将牛肉浸膏、蛋白胨及葡萄糖溶于水中，加 1 mol/L 的 NaOH 调 pH 值至 7.2～7.4。加 NaOH 时，应逐滴加入，以免过量；若过量，可用

1 mol/L的HCl调回pH值至7.2～7.4。用pH试纸测量培养基的pH值。之后分装、加棉塞、灭菌与PDA相同。细菌在pH7.0～7.2范围内生长较合适,故需调节pH值。

(3) 平板培养基。

在病原菌的分离培养中,平板培养基也经常使用,其制作方法是:将三角瓶或试管内的PDA或NA培养基熔化并冷却至45℃～50℃,取灭菌培养皿一个,在无菌条件下将培养基约10 mL倒入培养皿内。

将培养基倒入培养皿时,一般是先将三角瓶或试管的棉塞在酒精灯火焰附近拔下,用右手的手掌握住,切不可将棉塞放在接种箱或无菌室的台面上,以免沾染杂菌。左手拿起培养皿,用食指和拇指将培养皿盖掀开,用其余的手指托住培养皿底,将培养基倒入,在台面上按顺时针方向轻摇,使培养基均匀地分布在培养皿底部,待培养基完全凝固后备用。一般平板培养基应现用现做。

2. 操作要求

进行培养基配制时,要根据病害初步判断的结果是真菌病害还是细菌病害来确定培养基类型。制作过程要时刻注意操作安全,避免被电炉、热水、玻璃器皿等物品伤害。

3.3.2.2 灭菌

1. 操作规程

(1) 高压蒸汽灭菌。

培养基需要灭菌后才能使用。对培养基一般采用高压蒸气灭菌,即在高压灭菌锅内,试管内培养基在0.1 MPa压力下,121℃灭菌20 min;三角瓶内培养基在0.1 MPa,121℃灭菌30 min。

(2) 干热灭菌。

对培养皿、吸管等玻璃器皿,一般采用干热法灭菌。可将培养皿用报纸包裹后,放在烘箱内在160℃～170℃下灭菌1～2 h,灭菌后待温度下降到60℃以下,方可打开箱门,以免玻璃器皿因骤冷而炸裂。

2. 操作要求

培养基和玻璃器皿必须经过灭菌才能使用。灭菌过程需严格按照灭菌设备使用说明操作,同时注意操作安全,避免被蒸汽或高温物品烫伤。

3.3.2.3 分离材料选择和处理

1. 操作规程

选择新鲜的典型症状植株、器官或组织,洗净,晾干,取新鲜病斑病健交界部分,切成3～5 mm见方小块用作分离材料。将分离材料置于灭菌的小容器中,先用70%酒精漂洗约2～3 s,迅速倒去,以避免材料表面产生气泡;然后用0.1%升汞溶液消毒1～2 min(细菌病害材料常用 1∶14 的漂白粉溶液处理 3~5 min),再经无菌水漂洗 3~4 次,最后用灭菌的滤纸吸干材料上的水。

2. 操作要求

切割材料时,注意刀具的正确使用,避免割伤自己和他人;升汞有剧毒,使用过程中注意操作安全,避免中毒。

3.3.2.4 分离培养

1. 操作规程

分离和培养操作过程中所用的刀、镊子、接种环等物品,均应经酒精火焰灭菌。

(1) 组织分离法。

组织分离法最普遍,常用于叶、茎病斑组织内病菌的分离。以真菌性叶斑病为例,取新鲜病叶,选择典型病斑,按照上一步骤的方法对分离材料进行处理;按无菌操作规程将病组织移入平板培养基表面上,一般每皿放 4~5 块,并用玻璃铅笔注明培养材料的编号和种类;将平板培养基翻转后放入恒温箱内,在 25℃ 下培养 3~4 d 后,将分离的目的菌在无菌条件下移入斜面培养基上,淘汰杂菌。

对于块茎、根、茎或果实等较大组织内的病菌,可先在其表面涂抹酒精进行火焰灭菌,再用灭菌刀将病健交界组织分割成小块,移入斜面中。

若发病的组织较幼嫩,使用表面消毒剂时可能会杀死其中的病原菌,消毒时间应尽可能缩短,或者不用药剂消毒,而以无菌水冲洗 8~9 次后,按无菌操作法移入平板培养基上。

(2) 稀释分离法。

对细菌性病害,通常采用稀释分离法。方法是取灭菌培养皿 3 个,平放于湿毛巾上,用灭菌吸管移 1 mL 无菌水注入每个培养皿中,注明编号、分离日期、分离材料和操作者;把经过消毒和处理 3 次以后的分离材料(边长 4~5 mm)放入第一个培养皿中,静置 10~15 min,使细菌释放到水中制成菌悬液;然后用灭菌的移植环从第一个培养皿中移 3 环到第二个培养皿中,充分混合后再移 3 环到第三个培养皿中;将熔化的 NA 培养基冷却至 45℃ 左右,分别倒入 3 个培养皿中,按顺时针方向晃动,使培养基与菌悬液混合均匀;待培养基凝固后,将培养皿翻转,在 25℃ 恒温箱内培养;培养 3~5 d 后,观察菌落生长情况,将分离目的菌移入斜面培养,淘汰杂菌。

(3) 划线分离法。

病原细菌也可以用划线分离法进行分离培养。方法是预先制作 NA 平板培养基待用;用与稀释分离法中第一个培养皿相同的方法获得菌悬液;用灭菌的接种环蘸取菌悬液在培养基平板表面划线,注意不要把培养基表面划破,划过第一批线后在酒精火焰上灭菌,冷却后接第一批线的末端向另一方向划线,再次灭菌后再划第三批线。其他步骤同稀释分离法。

2. 操作要求

根据实际需要,采用相应的分离方法对病原物进行分离和培养。操作要严格按照无菌操作程序进行。

3.3.2.5 人工接种

1. 操作规程

(1) 真菌性病害的接种。

如苹果炭疽病或青霉病,取近成熟的苹果果实,用酒精对果面进行消毒,然后用针将果皮刺伤,在伤口处滴加炭疽病菌或青霉菌的孢子悬浮液(病菌可从病果上或用 PDA 培养基培养后洗下),待孢子悬浮液晾干后,用无色透明塑料袋包好,保湿 24~48 h 即可。

(2) 细菌性病害的接种。

如桃细菌性根癌病,从病株上切取较大的幼嫩病瘿约 20 个(已木栓化的病瘿细菌量少,不宜采用),用清水洗净捣碎,浸于 20 L 水中 12 h 制成细菌悬液待用。取盆栽桃树幼苗,每株灌 1 L 菌悬液,在 26℃~28℃下,约 2~3 周可发病。

2. 操作要求

人工接种时,应详细记载接种日期、地点、方法、寄主和病原菌的详细信息。接种后要定期进行观察,详细记载发病情况和病害症状特点等,填写"植物病害人工接种记录卡"(表 3-2)。

表 3-2 植物病害人工接种记录卡

接种情况	接种日期:	接种地点:	接种方法:
	接种后的管理:		
寄主植物	寄主种类:	品种:	抗病性:
	生育期:	接种部位及生育期:	
病 原 物	病原菌名称:	病原形态:	
	培养基种类及培养方法:		
	培养温度及培养时期:		
症状特点	潜育期:	严重度:	
	症状:早期	中期	末期
	对产量或品质的可能影响:		

3.3.2.6 清理操作场地

1. 操作规程

实训操作全部完成后,对各种设备和工具进行分类和整理,并按要求放回原处;对操作过程中产生的各种废料进行集中和处理,一般情况下作垃圾处理,特殊废料按规定处理;对操作场地进行清洁,打扫卫生,保持操作场地整洁。

2. 操作要求

清理工作要贯穿在整个实训操作过程中,时刻保持场地整洁;清洁工作要做到门窗洁净、地面干净、操作台整洁、工具摆放有序,废料及时处理,养成良好的工作习惯。

3.3.3 教师示范

根据本实训操作的特点,教师选取操作过程中的四个关键步骤,即平板培养基制作、无菌操作台使用、分离病害组织、人工接种病原物,面向学生进行操作演示和示范教学。

教师示范过程中,同学要认真观察和记录,记住其操作要点,为接下来实际操作打下基础。记录过程时,要充分利用手机等多媒体工具,通过笔记、照片和录像相结合的方式强化学习效果。

3.3.4 实际操作

(1) 学生根据实训的总体操作流程和要求,集体完成培养基的配制以及灭菌操作。

(2) 学生分成小组,经过组内人员分工和任务分解,协同合作完成分离材料选择和处理、分离培养、人工接种等实训操作,并完成相关报表和实训报告。

(3) 在操作过程中,要注意以下事项:

1) 分离材料一定要选取新鲜的典型症状植株或者器官;

2) 分离、培养和接种操作都要在无菌环境下严格按照无菌操作流程操作完成;

3) 操作过程中主要操作安全。

3.4 安全风险

本实训操作的安全风险等级:中低。

本实训操作的安全风险问题主要有以下几个方面:

3.4.1 生态风险

实训结束后对病害材料的处理可能会对环境造成二次污染,同时增加病虫害人为传播的风险。

3.4.2 操作安全

实训操作不当可能会造成一系列安全风险:灭菌操作时,可能会被热气和高温物品烫伤；培养基制作时，可能被电炉或高温溶液烫伤；消毒过程中，可能引起升汞中毒；分离培养操作时，可能会因操作不当而引燃酒精，或被尖锐物品扎伤手指。

3.5 考核评价

本实训的考核评价标准分为过程评价和结果评价两部分。参加实训的每位同学达到合格标准的基本要求是学习态度端正、实训操作熟练规范、能够合作完成病原物分离培养的整个流程。具体考核评价要求见"实训学习效果考核标准"（表3-3）。教师根据每位同学的实训情况，填写"学生学习效果考核评价表"（表3-4），完成考核评价。

表3-3 实训学习效果考核标准

评价类别	评价内容	分值	评价标准 A	B	C	D
过程评价	学习态度	5分	5分：学习态度端正，认真听讲和记录，积极思考，操作亲力亲为。	4分：学习态度较端正，听讲较认真，操作亲力亲为。	3分：能聆听教师的教学，有记录，操作基本可以做到亲力亲为。	0分：学习态度不端正，不听讲，不思考，不操作。
	团队合作	5分	5分：积极融入团队，与其他成员密切合作，互相帮助。	4分：整个团队分工较明确，基本可以做到权责清晰，分工合作。	3分：团队能按时完成工作任务，有分工，有合作。	0分：一盘散沙，团队涣散，没有明确分工。
	操作规范程度	15分	15分：操作和动作规范有序。	12分：操作和动作较规范，有个别不规范之处。	9分：操作能顺利完成，但部分操作有错误。	0分：不会操作，或乱操作。
	操作熟练程度	15分	15分：整个操作过程中，各步骤的操作非常熟练，动作流畅。	12分：操作步骤熟练，动作较为流畅，不拖泥带水。	9分：操作可以顺利完成，但部分操作和动作不熟练。	0分：不会操作，或乱操作。
	场地清洁	10分	10分：随时保持操作区域的整洁，整个操作区干净卫生、无杂物，工具摆放有序。	8分：操作区域较为整洁，工作结束后进行全面扫除，工具摆放有序。	6分：操作过程中没有卫生工作，但操作结束后进行了全面清洁，场地较整洁。	0分：没有进行场地清洁，或者清洁工作敷衍了事。

（续表）

评价类别	评价内容	分值	评价标准			
			A	B	C	D
过程评价	实训作品情况	10分	10分：培养基制作规范；病原物分离培养成功；病原物接种后出现原有病状，相关记录齐全规范。	8分：完成培养基制作；完成病原物分离培养；完成接种操作并出现症状；有相关记录。	6分：培养基制作完成，分离培养过程中有多种杂菌滋生；接种过程完成但未出现症状；有记录。	0分：未完成培养机制作、分离培养、接种；没有记录。
结果评价	菌种培养情况和接种情况	40分	40分：能分离出病原物菌落；接种后出现相应症状。	32分：培养的菌种中有少许杂菌；接种后出现多种症状。	24分：培养的菌种不纯；接种后未出现症状。	0分：相关操作未完成。
总分		100分				

说明：
1. 考核评价标准由过程评价和结果评价两部分组成。过程评价60分，结果评价40分，总分100分。
2. 考核通过的要求是总分达到70分及以上，并且结果评价达到24分及以上。符合下列两种情况之一者，本次实训为不合格：
（1）过程评价和结果评价相加的总分未达到70分；
（2）结果评价分数未达到24分（不管总分是否达到70分）。

表3-4 学生学习效果考核评价表

班级：

姓名（学号）	过程评价						结果评价	总分（100分）
	学习态度（5分）	团队合作（5分）	操作规范（15分）	操作熟练（15分）	场地清洁（10分）	实训作品（10分）	菌种培养情况和接种情况（40分）	

说明：
1. 过程评价以小组为单位进行。每个小组的过程评价分数即为组内各同学的过程评价分数。
2. 结果评价以小组为单位进行。

实训报告

同学们根据实训报告格式和要求,在实训手册上完成实训报告。在实训报告的实训结果中,要完成相关操作步骤的过程和数据记录。

任务 4

园林植物病虫害的田间调查

实际案例

一天,在上海市中心的 B 公园里,王师傅正在给各种树木花草浇水,忽然发现附近几棵紫薇的树叶上有白粉病的症状。完成浇水后,王师傅就找到了一起工作的孙师傅,商量配制一些农药来喷洒,防治一下白粉病。但孙师傅觉得没必要,因为孙师傅工作区内的紫薇生长都很健康,没有出现白粉病症状。两人为此争执不下。技术员小周知道了这件事后,建议先在整个园区进行白粉病的病害发生情况调查,根据调查结果确定是否进行防治和怎么防治。在经过全面调查后,王师傅发现紫薇受白粉病危害的病情指数还是很高的,有必要采取防治措施。孙师傅看到调查结果后也同意了防治方案。经过精心的治疗,公园的紫薇白粉病很快得到了控制,并随着植物叶片更新逐步减少。

在这个例子里,怎么判断一种病害是否需要进行防治和怎么进行防治呢?是依靠个人的观察和主观判断,还是依靠科学的系统调查呢?科学的病虫害调查是怎么进行的呢?其实,答案就在本任务的教学内容里面,技术员所用的方法就是园林植物病虫害的田间调查技术。

项目概述

防治植物病虫害,并不意味着一旦发现个别树木上出现病害症状就一定要进行大规模防治。科学地进行病虫害防治,需要人们及时掌握当前病虫发生的数量和分布以及严重程度,这就需要同学们掌握病虫害田间调查的基本技能。本实训的主要内容就是园林植物病虫害的田间调查。在这里,同学们可以学会怎么进行样本抽样,怎么确定调查内容,如何进行调查,调查形成的数据应该怎样处理和使用等一系列问题。掌握了这些知识,不但会对本课程后续的实训环节有帮助,而且还有助于同学们考取绿化工、植保工等职业资格证书。

工作任务

4.1 目标要求

4.1.1 知识目标

（1）掌握当地常见病虫害的种类；
（2）熟悉田间调查的调查方法；
（3）掌握样本的抽样方法。

4.1.2 技能目标

（1）能根据病虫害种类分析当地主要病虫害的发生规律和发生原因；
（2）能根据样本实际情况选用相应的抽样方法；
（3）能独立进行有害生物的田间调查；
（4）能对调查数据进行基本的分析和处理。

4.2 材料准备

标本夹、标本袋、标本箱、记录本、放大镜、枝剪、铅笔等。

4.3 方法步骤

4.3.1 相关知识介绍

在对植物病虫害发生情况进行调查时,经常要用发病率、病情指数、被害率、被害指数等来表示植物病虫害的发生程度和严重度。

4.3.1.1 植物病害调查结果统计

1. 发病率

按照植株或器官是否发病进行统计,以调查发病田块、植株、器官占所有调查数量的百分比。不能表示病害发生的严重程度,只适用于植株或器官受害程度大致相仿的病害,如系统感染的病毒病、全株发病的猝倒病、枯萎病、线虫病害等,及因局部发病而影响全株的瓜果腐烂病等。

$$发病率(\%) = \frac{调查病株(叶、果等)数}{调查总株(叶、果等)数} \times 100\%$$

例如月季黑斑病，调查200株，发病株为15株，则

$$发病率 = \frac{调查病株数}{调查总枝数} \times 100\% = \frac{15}{200} \times 100\% = 7.5\%$$

2. 病情指数

植物病害发生的轻重，对植物的影响是不同的。如叶片上发生少数几个病斑与发生很多病斑以致引起枯死的，就会有很大差别。因此，仅用发病率来表示植物的发病程度并不能够完全反映植物的受害轻重。将植物的发病程度进行分级后再进行统计计算，可以兼顾病害的普遍率和严重程度，能更准确地表示出植物的受害程度。

病情指数的计算，首先根据病害发生的轻重，进行分级计数调查，然后根据数字按下列公式计算。

$$病情指数 = \frac{\sum[各级病株(叶、果等)数 \times 相应级数]}{调查总株(叶、果等)数 \times 最高分级级数} \times 100$$

现以葡萄霜霉病为例，说明病情指数的计算方法。

调查葡萄霜霉病的病情指数，其分级标准如下：

  0级   无病斑；
  1级   病斑面积占整个叶面积的5%以下；
  3级   病斑面积占整个叶面积的6%～10%；
  5级   病斑面积占整个叶面积的11%～25%；
  7级   病斑面积占整个叶面积的26%～50%；
  9级   病斑面积占整个叶面积的50%以上。

例如调查葡萄霜霉病叶片200片，其中0级25片、1级75片、3级50片、5级40片、7级10片，则

$$病情指数 = \frac{25 \times 0 + 75 \times 1 + 50 \times 3 + 40 \times 5 + 10 \times 7}{200 \times 9} \times 100 = 25.83$$

病情指数越大，病情越重；病情指数越小，病情越轻。发病最重时病情指数为100；没有发病时，病情指数为0。

4.3.1.2 植物害虫为害结果统计

1. 被害率

被害率表示植物的植株、茎秆、叶片、花、果实等受害虫为害的普遍程度，不考虑受害轻重，常用被害率来表示。

$$被害率(\%) = \frac{被害株(茎、叶、花、果)数}{调查总株(茎、叶、花、果)数} \times 100\%$$

例如调查桃小食心虫蛀食苹果的蛀果率(被害率),调查 500 个果,其中被蛀果实 35 个,则

$$蛀果率(被害率) = \frac{被害果数}{调查总果数} \times 100\% = \frac{35}{500} \times 100\% = 7\%$$

2. 被害指数

$$被害指数 = \frac{\sum(各级株、茎、叶、花、果数 \times 相应级数)}{调查总株、茎、叶、花、果数 \times 最高级数} \times 100$$

许多害虫对植物的为害只造成植株产量的部分损失,植株之间的受害轻重程度并不相同,用被害率不能完全说明受害的实际情况,可采用与病害相似的方法,将害虫为害情况按植株受害轻重进行分级,再用被害指数可以较好地解决这个问题。

现以蚜虫为例,说明被害指数的计算方法。

蚜虫为害分级标准如表 4-1 所示。

表 4-1 蚜虫为害分级标准

0 级	无蚜虫,全部叶片正常;
1 级	有蚜虫,全部叶片无蚜害异常现象;
2 级	有蚜虫,受害最重叶片出现皱缩不展;
3 级	有蚜虫,受害最重叶片皱缩半卷,超过半圆形;
4 级	有蚜虫,受害最重叶片皱缩全卷,呈圆形。

调查蚜虫为害植株 100 株,0 级 53 株,1 级 26 株,2 级 18 株,3 级 3 株,则

$$被害指数 = \frac{53 \times 0 + 26 \times 1 + 18 \times 2 + 3 \times 3}{100 \times 4} \times 100 = 20.2$$

被害指数越大,植株受害越重;被害指数越小,植株受害越轻。植株受害最重时被害指数为 100;植株没受害时,被害指数为 0。

4.3.2 操作流程

操作流程如表 4-2 所示。

4.3.2.1 确定调查对象及内容

1. 操作规程

选取当地苗圃、绿地、小区或公园,进行病虫害普查。在普查的基础上,选择重要的病虫害,深入系统地调查它的分布、发病轻重、校长规律、防治效果等。

表 4-2 操作流程一览表

工作环节	操作要点	操作要求
确定调查对象及内容	选取当地苗圃、绿地、小区或公园,进行病虫害普查。	调查地点选择要有代表性;借助枝剪等工具野外采集叶、果、枝病害标本时,要注意人身安全。
制订调查计划并编制调查表	根据确定的调查对象,制订调查计划,编制调查表格。	出发前,必须准备好各种记录表格。
现场调查	先踏查,后详查,对病虫害情况进行调查。	要涵盖调查地区的不同植物地块及有代表性的不同状况的地段,不要有遗漏。每条路线之间的距离一般在 100～300 m 之间。花圃、绿化区面积小,踏查路线距离可在 10～30 m 或更小。采集标本要完整,记录要详细。
调查资料整理总结	调查整理调查资料,对数据进行计算和分析,计算发病率、病情指数等数据,撰写病虫害调查报告。	学生分组时,要考虑男女搭配和成绩高低搭配。路线选择要具有代表性,应尽可能覆盖所要采集标本的范围。分析病虫害的发生发展趋势,提出综合防治建议。

2. 操作要求

调查地点选择要有代表性;借助枝剪等工具野外采集叶、果、枝病害标本时,要注意人身安全。

4.3.2.2 制订调查计划并编制调查表

1. 操作规程

根据确定的调查对象,制订调查计划,编制调查表格;记录表要包括植物病虫害种类、数量、分布、危害程度等项目。

具体操作时,病虫害调查的表格可以参照表 4-3 至表 4-5。

表 4-3 园林植物病害调查记录表

调查日期	病害名称	病原	寄主	病状	病症	危害程度

表 4-4　苗木病害调查表

调查日期	调查地点	样方号	树种	病害名称	苗木状况和数量				发病率(%)	死亡率(%)	备注
					健康	感病	枯死	合计			

表 4-5　枝干病害调查表

调查日期	调查地点	样方号	树种	病害名称	总株数	感病株数	发病率(%)	苗木状况和数量					病情指数	备注
								1	2	3	4	5		

2. 操作要求

出发前,必须准备好各种记录表格。

4.3.2.3　现场调查

1. 操作规程

(1) 踏查。

可沿园路、人行道或自选路线,采用目测法边走、边查、边记录,并随时采集标本,挂好标签。

(2) 详查。

根据实际情况,选取 2～3 个标准地,每个标准地 100 m²,按一定的抽样方式选取样株,逐株调查;采集病虫害标本,认真填写详查表格。

2. 操作要求

要涵盖调查地区的不同植物地块及有代表性的不同状况的地段,不要有遗漏。每条路线之间的距离一般在 100～300 m 之间。花圃、绿化区面积小,踏查路线距离可在 10～30 m 或更小。采集标本要完整,记录要详细。

4.3.2.4　调查资料整理总结

1. 操作规程

调查整理调查资料,对数据进行计算和分析,计算发病率、病情指数等数据,撰写病虫害调查报告。

2. 操作要求

学生分组时,要考虑男女搭配和成绩高低搭配。路线选择要具有代表性,应尽可能覆盖所要采集标本的范围。要分析病虫害的发生发展趋势,并提出综合防治建议。

4.3.3　教师示范

根据本实训操作的特点,教师选取操作过程中的一个关键步骤,即现场调查方法,面向学生进行操作演示和示范教学。

教师示范过程中,同学要认真观察和记录,记住其操作要点,为接下来实际操作打下基础。记录过程时,要充分利用手机等多媒体工具,通过笔记、照片和录像相结合的方式强化学习效果。

4.3.4　实际操作

(1) 学生根据实训的总体操作流程和要求,集体完成调查计划和调查表的编写;

(2) 学生分成小组,经过组内人员分工和任务分解,协同合作完成病害和害虫的现场调查工作,并完成相关报表和实训报告。

4.4　安全风险

本实训操作的安全风险等级:轻微。

本实训操作的安全风险问题主要有以下几个方面:

4.4.1　生态风险

标本采集过程中,可能会对植物生存环境和植物体本身带来破坏。

4.4.2　操作安全

实训操作不当可能会造成一系列安全风险:采集标本时,可能会被枝条划伤身体。

4.5 考核评价

本实训的考核评价标准分为过程评价和结果评价两部分。参加实训的每位同学达到合格标准的基本要求是学习态度端正、实训操作熟练规范、能够高质量地完成调查报告。具体考核评价要求见"实训学习效果考核标准"(表4-6)。教师根据每位同学的实训情况，填写"学生学习效果考核评价表"(表4-7)，完成考核评价。

表4-6 实训学习效果考核标准

评价类别	评价内容	分值	评价标准 A	B	C	D
过程评价	学习态度	5分	5分：学习态度端正，认真听讲和记录，积极思考，操作亲力亲为。	4分：学习态度较端正，听讲较认真，操作亲力亲为。	3分：能聆听教师的教学，有记录，操作基本可以做到亲力亲为。	0分：学习态度不端正，不听讲，不思考，不操作。
	团队合作	5分	5分：积极融入团队，与其他成员密切合作，互相帮助。	4分：整个团队分工较明确，基本可以做到权责清晰，分工合作。	3分：团队能按时完成工作任务，有分工，有合作。	0分：一盘散沙，团队涣散，没有明确分工。
	操作规范程度	15分	15分：操作和动作规范有序。	12分：操作和动作较规范，有个别不规范之处。	9分：操作能顺利完成，但部分操作有错误。	0分：不会操作，或乱操作。
	操作熟练程度	15分	15分：整个操作过程中，各步骤的操作非常熟练，动作流畅。	12分：操作步骤熟练，动作较为流畅，不拖泥带水。	9分：操作可以顺利完成，但部分操作和动作不熟练。	0分：不会操作，或乱操作。
	场地清洁	10分	10分：随时保持操作区域的整洁，整个操作区干净卫生、无杂物，工具摆放有序。	8分：操作区域较为整洁，工作结束后进行全面扫除，工具摆放有序。	6分：操作过程中没有卫生工作，但操作结束后进行了全面清洁，场地较整洁。	0分：没有进行场地清洁，或者清洁工作敷衍了事。

(续表)

评价类别	评价内容	分值	评价标准 A	评价标准 B	评价标准 C	评价标准 D
结果评价	调查报告	50分	50分：调查表格内容详实，数据准确；数据处理正确；调查报告完整、详实。	40分：调查表格内容全面；数据处理准确；调查报告完整。	30分：完成调查表格；进行了数据处理；完成调查报告。	0分：未完成调查表格和调查报告。
总分		100分				

说明：
1. 考核评价标准由过程评价和结果评价两部分组成。过程评价50分，结果评价50分，总分100分。
2. 考核通过的要求是总分达到70分及以上，并且结果评价达到30分及以上。符合下列两种情况之一者，本次实训为不合格：
（1）过程评价和结果评价相加的总分未达到70分；
（2）结果评价分数未达到30分（不管总分是否达到70分）。

表4-7 学生学习效果考核评价表

班级：

姓名（学号）	过程评价					结果评价	总分（100分）
	学习态度（5分）	团队合作（5分）	操作规范（15分）	操作熟练（15分）	场地清洁（10分）	调查报告（50分）	

说明：
1. 过程评价以小组为单位进行。每个小组的过程评价分数即为组内各同学的过程评价分数。
2. 结果评价以小组为单位进行。

实训报告

同学们根据实训报告格式和要求,在实训手册上完成实训报告,同时完成病虫害调查报告。

考证提示

获得植保工、绿化工、花卉工、种苗工及技师资格证书,需具备以下知识和能力:
(1) 知识点:园林植物病虫害调查技术。
(2) 技能点:能正确进行园林植物病虫害发生情况的田间调查。

任务 5
园林植物调运检疫证书的办理

实际案例

在山清水秀的嘉兴某地,张某承包了近200亩的西山苗圃,计划在那里种植一些苏州、上海、杭州等周边城市常用的园林绿化树种。他利用嘉兴的地理资源,繁育了一批红瑞木、广玉兰等树苗,但还需要从江西调运一批本地没有的花灌木树苗。花灌木树苗顺利到达嘉兴后,张某高兴地栽种到苗圃中。但随着树木的生长,出现了一系列的病虫害问题。焦急的张某赶紧去咨询园林植保专家,才知道原来调运苗木、种子等林业生产资料,要去当地有关部门办理"植物检疫证书",才能有效防止调运物资携带病虫害。后来,张某根据专家的指导意见,对病虫害进行了有效的防治。但也为此多投入了不少资金,让他郁闷不已。

在这个例子里,张某就是因为不知道植物检疫的手续和流程,才造成后面的后果。那么,植物检疫特别是调运检疫,到底需要怎么进行操作呢?有哪些步骤呢?其实,答案就在本任务的教学内容里面。

项目概述

进行园林绿化的经营活动,不可避免地要进行树木的调运。按照我国的相关法律,树木的调运需要进行植物检疫。作为园林相关专业的学生,同学们需要了解植物调运检疫的基本流程。本实训的主要内容就是园林植物调运检疫证书的办理。在这里,同学们可以学会植物调运检疫有哪些流程、每步流程需要准备的材料是什么、相关材料应该怎样进行撰写等一系列问题。掌握了这些知识,有助于对植物病虫害防治措施的学习。

工作任务

5.1 目标要求

5.1.1 知识目标

(1) 掌握植物检疫的相关知识;
(2) 掌握植物调运检疫的具体流程。

5.1.2 技能目标

(1) 能熟练完成植物调运检疫的各种表格和材料填写;
(2) 能自主完成植物调运检疫的申报工作。

5.2 材料准备

纸、笔、当地植物检疫部门提供的相关材料和数据。

5.3 方法步骤

5.3.1 相关知识介绍

植物检疫是通过法律、行政和技术的手段,防止危险性植物病、虫、杂草和其他有害生物的人为传播,保障农林业的安全,促进贸易发展的措施。植物检疫分为产地检疫和调运检疫。

调运检疫是指植物及其产品在调出原产地之前、运输途中、到达新的种植或使用地点之后,根据国家或地方政府颁布的植物检疫法规,由专门的植物检疫机构,对应检疫的植物及其产品所采取的检疫和严格检疫工作处理措施,调运检疫是国内检疫工作的核心,也是防止危害性病虫随植物及其产品在国内人为传播的关键。

5.3.2 操作流程

操作流程如表 5-1 所示。

5.3.2.1 报检

1. 操作规程

阅读和填写植物调运检疫单证。

2. 操作要求

调出植物的单位和个人要填写"植物检疫报检表"(表 5-2,部分地区以"植物调运检疫申请书"代替报检表)。要求调入省的单位和个人要填写"植物检疫要求书"(表 5-3)。

表 5-1　操作流程一览表

工作环节	操作要点	操作要求
报检	阅读和填写植物调运检疫单证。	调出植物的单位和个人要填写"植物检疫报检表"（表5-2，部分地区以"植物调运检疫申请书"代替报检表）。要求调入省的单位和个人要填写"植物检疫要求书"（表5-3）。
现场检查	按照《农业植物调运检疫规程》或《森林植物检疫技术规程》的规定进行抽样检疫。	1. 现场检查的方法有目测检查、过筛检查、X光检查、检疫犬检查等。现场检查要具有均匀性和代表性；检查时要注意运输、装载工具和存放场地周围有无害虫的排泄物、分泌物、虫壳、蛀孔等痕迹。 2. 检疫员填写"植物检疫报检表"的检疫结果或者"植物调运检疫检验单"（表5-4）。
实验室检测	确定检疫物中是否存在有害生物，并进一步确定有害生物的种类。	要根据具体的检测材料，选择恰当的检测手段。
除害处理	检测出有检疫性有害生物或应检病虫的，要就地处理。	要设法使处理所造成的损失降到最小；要彻底消灭病虫，杜绝扩散传播；要安全可靠，保证无残毒，不污染环境；要尽量保证植物的存活能力；要注意保护植物及产品和工作人员的安全。
结果评定	签证放行或停止调运。	按照材料内容填写完成"植物检疫证书"（表5-6）。

表 5-2　植物检疫报检表

编号：　　　　　　　　　　　　　　　　　　　　检疫日期：

报检单位(个人)		地　址	
		电　话	
植物及产品名称		产　地	
数量(重量)		包　装	
运往地点		存放地点	
调出时间		运输工具	

调入省的检疫要求：

检疫结果检疫员

年　月　日

表 5-3 植物检疫要求书

编号：

调入单位或个人填写	申请单位(个人)		申请日期	年　月　日
	详细地址		电话	
	植物及产品名称		数量(重量)	
	调入地点			
	调入时间			
检疫机构填写	要求检疫对象名单			
	其他危险性病虫		检疫机构专用章 检疫员(签字)	
	备注		年　月　日	

5.3.2.2　现场检查

1. 操作规程

检疫机构核查植物及其产品标签上的品种、名称、产地、数量是否与报检单一致；

按照《农业植物调运检疫规程》或《森林植物检疫技术规程》的规定进行抽样检疫；

当场可做出决定的，放行或除害处理；现场不能做出可靠性判断的，抽样送实验室进行具体鉴定和检验。

2. 操作要求

(1) 现场检查的方法有目测检查、过筛检查、X 光检查、检疫犬检查等。

现场检查要具有均匀性和代表性；检查时要注意运输、装载工具和存放场地周围有无害虫的排泄物、分泌物、虫壳、蛀孔等痕迹。

(2) 检疫员填写"植物检疫报检表"(表 5-2)的检疫结果或者"植物调运检疫检验单"(表 5-4)。

表 5-4　植物调运检疫检验单

申请书与抽样编号		抽样数量	
检验结论		处理意见	
检验目的与方法			
检疫机构(章)			
检疫员(签)		检验日期	
备注			

5.3.2.3　实验室检测

1. 操作规程

确定检疫物中是否存在有害生物，并进一步确定有害生物的种类。常用检测方法有密度检测、染色检测、洗涤检测、保湿萌芽检测、分离培养与接种检测、鉴别寄主检测、显微镜检测等。

密度检测时,浸泡到饱和盐水或硫酸铵溶液中搅拌 5～10 s,静置 1～2 min。

病毒病染色检测要在 5～10 min 内完成。植物避免截取受伤的叶、枝、根。

洗涤检测对每一种洗涤液要至少检测 5 片玻片。

沙土萌芽检测以通过 1 mm 筛孔的沙粒为好。

2. 操作要求

要根据具体的检测材料,选择恰当的检测手段。

5.3.2.4 除害处理

1. 操作规程

检测出有检疫性有害生物或应检病虫的,要就地处理。常用处理方法有熏蒸处理、高温或低温处理;微波辐射处理;水浸灭种处理;化学药剂处理;组织培养脱毒处理等。对无法进行除害处理的植物及产品,要根据具体情况改变用途或者做销毁处理。

除害处理结束后,检疫人员填写"植物检疫除害处理通知单"(表 5-5)。

表 5-5 植物检疫除害处理通知单

_____林检除字[ ]第[ ]号

受检单位(个人)			
详细地址			
植物及产品名称			
数量(重量)			
产地或存放地点			
运输工具		包装材料	

经检疫检验,在上述植物及其产品中发现下列检疫性有害生物:

根据《植物检疫条例》第　　条规定,请你(单位)于　　年　　月　　日前按下列要求进行除害处理:

检疫员(签章): 检疫员执法证号: 签发机关(盖章): 　　　　　年 月 日	被检单位或个人(签章) 　　　　　年 月 日

2. 操作要求

要设法使处理所造成的损失降到最小;要彻底消灭病虫,杜绝扩散传播;要安全可靠,保证无残毒,不污染环境;要尽量保证植物的存活能力;要注意保护植物及产品和工作人员的安全。

5.3.2.5 结果评定

1. 操作规程

签证放行或停止调运。

检疫合格和复检合格的,由检疫人员填写"植物检疫证书"(表5-6)并发放。不合格的,停止调运。

2. 操作要求

按照材料内容填写完成"植物检疫证书"(表5-6)。

表5-6 植物检疫证书

植( )检字

调运单位(个人)及地址					
调运(承办)人姓名		身份证号码		联系电话	
收货单位(个人)及地址					
植物或植物产品来源				运输工具	
运输收讫	自		经	至	
有效期限	自 年 月 日至 年 月 日				
植物或植物产品名称	品名	规格	单位	数量	备注

签发意见:上列调运的植物或植物产品,经( )检疫检验,未发现检疫性有害生物和本省(区、市)补充检疫性有害生物,同意调运。

签发机关:植物检疫专用章   检疫员(签字)

检疫日期: 年 月 日

5.3.3 教师示范

根据本实训操作的特点,教师选取操作过程中第一步,即填写植物检疫报检表,面向学生进行操作演示和示范教学。

教师示范过程中,同学要认真观察和记录,记住其填写要点,为接下来实际操作打下基础。记录过程时,要充分利用手机等多媒体工具,通过笔记、照片和录像相结合的方式强化学习效果。

5.3.4 实际操作

(1)学生根据实训的总体操作流程和要求,分为两部分:一部分模拟检疫机构,另一部分模拟园林公司。每一部分可分为若干小组。

(2)各小组完成内部分工。模拟园林公司向模拟检疫机构提交建议申请单,开始植物检疫的申请工作。随后,双方配合完成整个实训流程。

5.4 安全风险

本实训操作的安全风险等级:无。

5.5 考核评价

本实训的考核评价标准分为过程评价和结果评价两部分。参加实训的每位同学达到合格标准的基本要求是学习态度端正、实训操作熟练规范、能够掌握植物检疫的流程并完成各种表格的填写。具体考核评价要求见"实训学习效果考核标准"(表5-7)。教师根据每位同学的实训情况,填写"学生学习效果考核评价表"(表5-8),完成考核评价。

表5-7 实训学习效果考核标准

评价类别	评价内容	分值	评价标准			
			A	B	C	D
过程评价	学习态度	5分	5分:学习态度端正,认真听讲和记录,积极思考,操作亲力亲为。	4分:学习态度较端正,听讲较认真,操作亲力亲为。	3分:能聆听教师的教学,有记录,操作基本可以做到亲力亲为。	0分:学习态度不端正,不听讲,不思考,不操作。
	团队合作	5分	5分:积极融入团队,与其他成员密切合作,互相帮助。	4分:整个团队分工较明确,基本可以做到权责清晰,分工合作。	3分:团队能按时完成工作任务,有分工,有合作。	0分:一盘散沙,团队涣散,没有明确分工。
	操作规范程度	15分	15分:操作和动作规范有序。	12分:操作和动作较规范,有个别不规范之处。	9分:操作能顺利完成,但部分操作有错误。	0分:不会操作,或乱操作。

(续表)

评价类别	评价内容	分值	评价标准 A	评价标准 B	评价标准 C	评价标准 D
过程评价	操作熟练程度	15分	15分：整个操作过程中，各步骤的操作非常熟练，动作流畅。	12分：操作步骤熟练，动作较为流畅，不拖泥带水。	9分：操作可以顺利完成，但部分操作和动作不熟练。	0分：不会操作，或乱操作。
过程评价	场地清洁	10分	10分：随时保持操作区域的整洁，整个操作区干净卫生、无杂物，工具摆放有序。	8分：操作区域较为整洁，工作结束后进行全面扫除，工具摆放有序。	6分：操作过程中没有卫生工作，但操作结束后进行了全面清洁，场地较整洁。	0分：没有进行场地清洁，或者清洁工作敷衍了事。
结果评价	检疫报表	50分	50分：报表填写规范、准确。	40分：报表填写较规范、准确。	30分：完成报表。	0分：未完成报表。
总分	100分					

说明：

1. 考核评价标准由过程评价和结果评价两部分组成。过程评价50分，结果评价50分，总分100分。

2. 考核通过的要求是总分达到70分及以上，并且结果评价达到30分及以上。符合下列两种情况之一者，本次实训为不合格：

(1) 过程评价和结果评价相加的总分未达到70分；

(2) 结果评价分数未达到30分（不管总分是否达到70分）。

表5-8 学生学习效果考核评价表

班级：

姓名（学号）	过程评价					结果评价	总分（100分）
	学习态度（5分）	团队合作（5分）	操作规范（15分）	操作熟练（15分）	场地清洁（10分）	检疫报表（50分）	

说明：

1. 过程评价以小组为单位进行。每个小组的过程评价分数即为组内各同学的过程评价分数。

2. 结果评价以小组为单位进行。

实训报告

同学们根据实训报告格式和要求,在实训手册上完成实训报告。在实训报告的实训结果中,要完成各种报表。

考证提示

获得植保工及技师资格证书,需具备以下知识和能力:
(1) 知识点:了解当地病虫害检疫的基本知识。
(2) 技能点:了解病虫害检疫的一般流程。

任务 6
农药的配制、使用和防治效果评价

实际案例

小王同学利用课余时间在一个公益性质的公园里做志愿者,帮助公园的管理人员对公园的花草树木进行养护和管理。这一天,小王在师傅的带领下对花草树木进行例行巡视和检查。他们看到有不少桂花树上有白粉病的症状,判断有白粉病的发生。师傅让小王到库房里面拿防治白粉病的农药和喷雾器。小王一路小跑到了库房,傻眼了:库房里面有一大堆各种类型的农药,完全搞不清楚哪种是防治白粉病用的;农药喷雾器也不是自己想象中的手动式,而是机动式的,完全不会用。郁闷不已的小王只好跑回去找师傅帮忙。结果整整花了大半天的时间,小王才弄明白各种农药的适用类型和机动喷雾器的使用方法。

如果你是小王的话,你知道农药的理化性状和特征吗?知道怎么配制农药吗?知道怎么使用喷雾器吗?如果不知道的话,就请到下面的教学内容中寻找答案吧。

项目概述

本实训的主要内容就是农药的配制、使用和防治效果调查。在这里,同学们可以了解常见的农药有哪些颜色、气味、形态等外观特征,怎么判断常用农药的质量,在喷药前怎么进行农药配制,喷雾器怎么使用等一系列问题。掌握了这些知识,不但会对本课程后续的实训环节有帮助,而且还有助于同学们考取绿化工、植保工等职业资格证书。

6.1 目标要求

6.1.1 知识目标

(1) 熟悉常见农药的基本性状及防治对象；
(2) 了解农药标签和使用说明书的主要内容；
(3) 了解常用喷雾器的工作原理。

6.1.2 技能目标

(1) 能通过性状观察鉴别农药及剂型；
(2) 能阅读农药标签和使用说明书；
(3) 能进行农药质量的简易检测；
(4) 能进行农药配制；
(5) 能正确使用喷雾器。

6.2 材料准备

6.2.1 药剂

当地常用的各种杀虫剂、杀螨剂、杀菌剂、杀线虫剂、除草剂等，尽可能包括各种剂型。

6.2.2 工具

背负式机动喷雾器、天平、牛角匙、试管、量筒、烧杯、玻璃棒等。

6.3 方法步骤

6.3.1 相关知识介绍

农药根据防治对象，可分为杀虫剂、杀菌剂、杀螨剂、杀线虫剂、杀鼠剂、除草剂、脱叶剂、植物生长调节剂等。根据加工剂型可分为可湿性粉剂、可溶性粉剂、乳剂、乳油、浓乳剂、乳膏、糊剂、胶体剂、熏烟剂、熏蒸剂、烟雾剂、油剂、颗粒剂、微粒剂等。根据加工剂型可分为粉剂、可湿性粉剂、可溶性粉剂、乳剂、乳油、浓乳剂、乳膏、糊剂、胶体剂、熏烟剂、熏蒸剂、烟雾剂、油剂、颗粒剂和微粒剂等。大多数是液体或固体，少数是气体。

6.3.2 操作流程

操作流程如表6-1所示。

表6-1 操作流程一览表

工作环节	操作要点	操作要求
确定防治对象	调查病虫害发生情况,统计发生较严重的病害和害虫种类,确定防治对象。	调查要认真、细致,正确判断病害和害虫种类。谨慎操作,注意安全。
识别和选择农药	辨别常用农药的物理性状;识读农药标签和说明书;粉剂和可湿性粉剂质量的简易鉴别;乳油质量简易测定。	1. 遵守农药安全操作要求,注意识别农药时不能将鼻子凑近闻,应用右手将瓶口气味扇向鼻子,轻闻即可。毒性大的农药不能用此方法识别。 2. 农药的选择要考虑植物种类和周边环境安全等因素。 3. 表格填写细致完整,对有疑问的可展开小组讨论。
配制农药	1. 确定所需药剂的量。 2. 计算稀释水用量,稀释农药。	1. 农药原药的用量要准确。 2. 稀释药剂要分两步进行:第一步先稀释成母液;第二步再稀释配制成所需用量。 3. 配制过程中要时刻注意安全,操作完成后要清洗工具,洗脸洗手。
使用药械进行施药	组装部件;配油;启动;加药;作业;熄火。	1. 所加药液必须干净,避免堵塞喷嘴。 2. 开关开启后,随即用手左右摆动喷管进行喷药,严禁停留在一处喷洒,以免引起药害。 3. 加水时最好用勺子一勺一勺倒入药液箱,切勿让液体外流至发动机。 4. 汽油和机油严格按照20:1的比例配制。
效果评价	一段时间后,检查喷药后的杀虫或杀菌效果;总结分析资料,写出防治报告。	统计防治前后的发病率或害虫危害率,各小组进行对比分析,总结农药使用操作要领,提出改进措施。

6.3.2.1 确定防治对象

1. 操作规程

以小组为单位,调查校园或公园内病虫害发生情况,统计发生较严重的病害和害虫种类,确定防治对象。

2. 操作要求

调查要认真、细致,正确判断病害和害虫种类。谨慎操作,注意安全。

6.3.2.2 识别和选择农药

1. 操作规程

(1) 辨别常用农药的物理性状。

根据给出的农药品种,辨别粉剂、可湿性粉剂、乳油、颗粒剂、水剂等不同剂型在颜色、形态等物理外观上的差异。观察过程中填写"常用农药的理化性状及使用特点一览表"(表6-2)。

表6-2 常用农药的理化性状及使用特点一览表

序号	农药类别	农药名称	剂型	有效成分含量	颜色	气味	毒性	主要防治对象

注:农药类别:杀虫剂、杀菌剂、杀线虫剂、除草剂。

(2) 识读农药标签和说明书。

农药标签和说明书上的信息一般包括:

1) 农药名称。包含内容有:农药有效成分及含量、名称、剂型等。农药名称通常有两种,一种是中(英)文通用名称,另一种为商品名。通用名称相同的农药,其商品名可以不同。

2) 农药三证。即农药登记证号、生产许可证号和产品标准证号。国家批准生产的农药必须三证齐全,缺一不可。

3) 净重或净容量。

4) 使用说明。按照国家批准的作物和防治对象简述使用时期、用药量或稀释倍数、使用方法、限用浓度及用药量等。

5) 注意事项。包括中毒症状和急救治疗措施;安全间隔期,即最后一次施药距收获时的天数;储藏运输的特殊要求;对天敌和环境的影响等。

6) 质量保证期。不同厂家的农药质量保证期标明方法有所差异。一是注明生产日期和质量保证期;二是注明产品批号和有效日期;三是注明产品批号和失效日期。一般农药的质量保证期是2~3年,应在质量保证期内使用,才能保证作物的安全和防治效果。

7) 农药毒性与标志。农药的毒性不同,其标志也有所差别。毒性的标志和文字描述皆用红字,十分醒目。使用时注意鉴别。

① 剧毒:以 ☠ 表示,并用红字注明"剧毒"。

② 高毒:以 ☠ 表示,并用红字注明"高毒"。

③ 中等毒:以 ◆ 表示,并用红字注明"中等毒"。

④ 低毒:以 ◇低毒◇ 表示,并用红字注明"低毒"。

⑤ 微毒：用红字注明"微毒"。

8）农药种类标识色带。农药标签下部有一条与底边平行的色带，用以表明农药的类别。其中红色表示杀虫剂，黑色表示杀菌剂，绿色表示除草剂，蓝色表示杀鼠剂，深黄色表示植物生长调节剂。

观察过程中填写"常用农药标签信息对比一览表"（表6-3）。

表6-3 常用农药标签信息对比一览表

农药名称	包装规格	三证号	毒性	出厂日期	防治范围	稀释浓度	注意事项

（3）粉剂和可湿性粉剂质量的简易鉴别。

取少量药粉轻轻撒在水面上，长期浮在水面的为粉剂，在1 min内粉粒吸湿下沉，搅动时可产生大量泡沫的为可湿性粉剂。另取少量可湿性粉剂倒入盛有200 mL水的量筒内，轻轻搅动放置30 min，观察药液的悬浮情况，沉淀越少，药粉质量越高。如有3/4的粉剂颗粒沉淀，表示可湿性粉剂的质量较差。在上述药液中加入0.2~0.5 g合成洗衣粉，充分搅拌，比较观察药液的悬浮性是否改善。

（4）乳油质量简易测定。

将2~3滴乳油滴入盛有清水的试管中，轻轻振荡，观察油水融合是否良好，稀释液中有无油层漂浮或沉淀。稀释后油水融合良好，呈半透明或乳白色稳定的乳状液，表明乳油的乳化性能好；若出现少许油层，表明乳化性尚好；出现大量油层、乳油被破坏，则不能使用。

（5）根据上述结果，选择合适的农药备用。

2. 操作要求

（1）遵守农药安全操作要求，注意识别农药时不能将鼻子凑近闻，应用右手将瓶口气味扇向鼻子，轻闻即可。毒性大的农药不能用此方法识别。

（2）农药的选择要考虑植物种类和周边环境安全灯因素。

（3）表格填写细致完整，对有疑问的可展开小组讨论。

6.3.2.3 配制农药

1. 操作规程

（1）按照施药区域面积和农药说明书，确定所需药剂的量。

（2）按照公式计算稀释农药所需的清水用量，将药剂原液或原药倒入清水，搅拌稀释。

公式如下：

稀释剂用量＝原药剂用量×稀释倍数－原药剂用量（稀释倍数＜100倍）

稀释剂用量＝原药剂用量×稀释倍数　　　　（稀释倍数＞100倍）

2. 操作要求

（1）农药原药的用量要准确。

（2）稀释药剂要分两步进行：第一步先稀释成母液；第二步再稀释配制成所需用量。

（3）配制过程中要时刻注意安全，操作完成后要清洗工具，洗脸洗手。

6.3.2.4　使用药械进行施药

1. 操作规程

以喷洒敌敌畏乳油的背负式机动喷雾器为例。

（1）认识并组装喷雾器的有关部件。

（2）配制和加注发动机油。

（3）启动发动机，使得整机处于喷雾作业状态。

（4）加入药液。加药前，用清水试喷一次，检查各处有无渗漏；加液不要过急过满，先给喷雾器药液箱内加一半水，再加入药液，然后加水到标准刻度，搅拌均匀后使用；加药液后箱盖要盖紧。

（5）开始作业。背上机器后，调整手油门开关，使得发动机稳定在额定转速；开启手把药液开关，使得转芯手把朝向喷头方向，以预定的速度和路线进行作业。

（6）停止运转。先将药液开关闭合，再减小油门，发动机低速旋转 3～5 min 后关油门，发动机停止运转，放下机器并关闭燃油阀。

2. 操作要求

（1）喷药作业前，要穿戴好防护设备，例如工作服、口罩、眼罩、手套。

（2）所加药液必须干净，避免堵塞喷嘴。

（3）开关开启后，随即用手左右摆动喷管进行喷药，严禁停留在一处喷洒，以免引起药害。

（4）加水时最好用勺子一勺一勺倒入药液箱，切勿让液体外流至发动机。

（5）汽油和机油严格按照 20∶1 的比例配制。

6.3.2.5　效果评价

1. 操作规程

一段时间后，检查喷药后的杀虫或杀菌效果，填写"病虫害防治效果检查表"（表6-4）；总结分析资料，写出防治报告。

表 6-4　病虫害防治效果检查表

小组	病害类型	寄主植物	药剂名称	防治方法	防治效果检查	评价

2. 操作要求

统计防治前后的发病率或害虫危害率，各小组进行对比分析，总结农药使用操作要领，提出改进措施。

6.3.3　教师示范

根据本实训操作的特点，教师选取操作过程中的两个关键步骤，即配制农药、药械使用，面向学生进行操作演示和示范教学。

教师示范过程中，同学要认真观察和记录，记住其操作要点，为接下来实际操作打下基础。记录过程时，要充分利用手机等多媒体工具，通过笔记、照片和录像相结合的方式强化学习效果。

6.3.4　实际操作

(1) 学生分成小组，原则上 3 人一组，经过组内人员分工和任务分解，进行病虫害调查，确定防治对象；

(2) 小组分工合作，完成农药识别和选择、配制农药、喷药和效果评价工作；

(3) 整理数据和资料，完成实训报告。

6.4　安全风险

本实训操作的安全风险等级：中等。

本实训操作的安全风险问题主要有以下几个方面：

6.4.1　生态风险

农药喷施以及农药废料的处理可能会对环境造成污染。

6.4.2　操作安全

实训操作不当可能会造成一系列安全风险：农药识别过程中，可能引起农药中毒；配制农药过程中,可能引起农药中毒;喷雾器用油配比过程中,可能引起汽油燃烧;喷雾器使用过程中,可能造成身体受伤及农药中毒。

6.5 考核评价

本实训的考核评价标准分为过程评价和结果评价两部分。参加实训的每位同学达到合格标准的基本要求是学习态度端正、实训操作熟练规范、能够识别常用的10种农药及4种常用剂型、能够独立完成农药稀释操作、能独立使用喷雾器。具体考核评价要求见"实训学习效果考核标准"(表6-5)。教师根据每位同学的实训情况,填写"学生学习效果考核评价表"(表6-6),完成考核评价。

表6-5 实训学习效果考核标准

评价类别	评价内容	分值	评价标准 A	B	C	D
过程评价	学习态度	5分	5分:学习态度端正,认真听讲和记录,积极思考,操作亲力亲为。	4分:学习态度较端正,听讲较认真,操作亲力亲为。	3分:能聆听教师的教学,有记录,操作基本可以做到亲力亲为。	0分:学习态度不端正,不听讲,不思考,不操作。
	团队合作	5分	5分:积极融入团队,与其他成员密切合作,互相帮助。	4分:整个团队分工较明确,基本可以做到权责清晰,分工合作。	3分:团队能按时完成工作任务,有分工,有合作。	0分:一盘散沙,团队涣散,没有明确分工。
	操作规范程度	15分	15分:操作和动作规范有序。	12分:操作和动作较规范,有个别不规范之处。	9分:操作能顺利完成,但部分操作有错误。	0分:不会操作,或乱操作。
	操作熟练程度	15分	15分:整个操作过程中,各步骤的操作非常熟练,动作流畅。	12分:操作步骤熟练,动作较为流畅,不拖泥带水。	9分:操作可以顺利完成,但部分操作和动作不熟练。	0分:不会操作,或乱操作。
	场地清洁	10分	10分:随时保持操作区域的整洁,整个操作区干净卫生、无杂物,工具摆放有序。	8分:操作区域较为整洁,工作结束后进行全面扫除,工具摆放有序。	6分:操作过程中没有卫生工作,但操作结束后进行了全面清洁,场地较整洁。	0分:没有进行场地清洁,或者清结工作敷衍了事。

(续表)

评价类别	评价内容	分值	评价标准			
			A	B	C	D
结果评价	农药和药械使用	50分	50分：能够识别常用的10种农药及4种常用剂型；能独立完成农药稀释操作；能独立使用喷雾器。完成效果好。	40分：能够识别常用的10种农药及4种常用剂型；能够独立完成农药稀释操作；能独立使用喷雾器。	30分：能完成三项操作中的两项。	0分：不能完成操作。
总分		100分				

说明：

1. 考核评价标准由过程评价和结果评价两部分组成。过程评价50分，结果评价50分，总分100分。
2. 考核通过的要求是总分达到70分及以上，并且结果评价达到30分及以上。符合下列两种情况之一者，本次实训为不合格：

(1) 过程评价和结果评价相加的总分未达到70分；

(2) 结果评价分数未达到30分(不管总分是否达到70分)。

表6-6 学生学习效果考核评价表

班级：

姓名(学号)	过程评价					结果评价	总分(100分)
	学习态度(5分)	团队合作(5分)	操作规范(15分)	操作熟练(15分)	场地清洁(10分)	农药和药械使用(50分)	

说明：

1. 过程评价以小组为单位进行。每个小组的过程评价分数即为组内各同学的过程评价分数。
2. 结果评价以小组为单位进行。

实训报告

同学们根据实训报告格式和要求，在实训手册上完成实训报告。报告中要有相关表格。

考证提示

获得植保工、绿化工、花卉工、种苗工及技师资格证书,需具备以下知识和能力:

(1) 知识点:掌握常用农药的主要性能;了解常用机具、药械的基本原理。

(2) 技能点:了解常用药剂的配制和使用技术;正确计算农药的有效成分含量;估算药剂用量;正确操作植保机具。

任务 7
园林植物叶部病害防治

实际案例

在某省美丽的小城A市,有一个湖滨公园,公园里生长着茂盛的树木和花草。有一天,在公园游玩的小张发现紫薇树叶片上覆盖着一层白色的粉状物,不远处的油松树松叶上有不少褐色的斑点,一路的美景,到这里就失色不少。小张看着这些植物,正惋惜着,一位工作人员背着药箱过来准备打药,小张连忙赶上前询问,工作人员告诉他:"这是紫薇白粉病和松针红斑病,是由病原真菌引起的,好在发现比较及时,打一打药就好了。"

如果你就是那位工作人员的话,你能通过树木叶片上的各种现象判断树木得了什么病吗?能知道怎么治疗这些病吗?如果不知道的话,就请到本任务的教学内容中寻找答案吧。

项目概述

植物叶部病害是植物病害中的一大类,严重威胁着植物的健康生长。本实训的主要内容就是园林植物叶部病害防治。在这里,同学们可以了解常见的叶部病害有哪些,它们的识别特征是什么,用什么方法来防治它们等一系列问题。掌握了这些知识,能让我们更有效地养护植物,保证它们健康生长,同时也有助于同学们考取绿化工、植保工等职业资格证书。

工作任务

7.1 目标要求

7.1.1 知识目标

(1)熟悉常见的叶斑病、白粉病、锈病、黄化病、萎蔫病、炭疽病、叶枯病等叶部病害的名称和症状；

(2) 熟悉常见叶部病害的防治方法。

7.1.2 技能目标

(1) 能通过病害症状等特征识别常见的叶部病害；

(2) 能采取相应的措施和方法防治常见叶部病害。

7.2 材料准备

7.2.1 药剂

常用的杀菌剂，如甲基托布津、粉锈宁、百菌清、硫磺粉、多菌灵、福美双等。

7.2.2 工具

喷雾器、塑料桶、塑料袋、塑胶手套、放大镜、镊子、电炉等。

7.2.3 资料

当地园林植物病害的调查资料、病害种类与分布情况。

7.3 方法步骤

7.3.1 相关知识介绍

叶部病害的危害特点有：

(1) 侵染源主要来自病落叶，潜伏期短，有多次再侵染；

(2) 主要通过风雨传播，扩展速度快，传播面广；

(3) 常引起叶片的斑驳、枯焦、变形，花提前脱落，削弱树木生长势。

叶部病害的症状主要有白粉、锈粉、煤污、霉病、叶斑、炭疽、畸形和变色等。其侵染性病原有真菌、细菌、病毒等；非侵染性病原有日灼、冻伤、营养不良、水分失调等。

叶部病害的防治方法主要有：

(1) 加强检疫工作，禁止病害及繁殖材料传入无病区。

(2) 加强养护管理，改善通风透光条件，增施磷钾肥；及时清除病落叶，并集中烧毁，春季干旱时，注意灌水，增强树势，提高园林植物抗病力。

(3) 选用抗病品种和健壮苗木。

(4) 及时清除侵染来源，消灭媒介昆虫。对于叶锈病，要及时铲除转主寄主。

(5) 发病初期用光谱杀菌剂防治。

7.3.2 操作流程

操作流程如表 7-1 所示。

表 7-1 操作流程一览表

工作环节	操 作 要 点	操 作 要 求
识别并确定防治对象	通过现场调查叶部病害症状的方法,对常见的叶部病害进行识别和鉴定,确定防治对象。	1. 使用放大镜、镊子等工具对受害部位进行仔细观察,确定病害危害情况。 2. 谨慎操作,注意安全。 3. 采集叶部病害标本时,最好不要伤及植物枝条,减少对植物的损伤。
确定防治技术	根据病害的防治面积,选用相应的防治技术。	对防治对象的发病规律要做详细记录,要熟悉防治技术流程。
组织实施	根据防治技术方案,分配任务,配制农药,喷施防治。	1. 做好防护措施,戴好口罩、手套、眼罩等防护用具。 2. 小组成员密切配合,发挥团队精神。 3. 使用喷雾器等工具时要小心操作,注意安全。 4. 在温室内用药剂熏蒸时,人员要在点燃药剂后迅速退出,以免中毒。 5. 防治病害时,要充分考虑多种防治措施,如物理防治、生物防治、农业防治等,尽量避免单纯的农药喷施。
检查验收与效果评价	防治后一周,统计发病率,并填写表 7-2;对防治结果进行总结、分析,写出防治报告。	根据统计数据进行统计分析,得出防治效果,并提出改进措施。

7.3.2.1 识别并确定防治对象

1. 操作规程

(1) 选定上海城建(园林)学校实训基地的某块区域或某公园、苗圃,划定工作范围。

(2) 根据附录 1 "常见病害、害虫和杂草识别特征及防治简述"对常见叶部病害症状的介绍,通过现场调查叶部病害症状的方法,对常见的叶部病害进行识别和鉴定。常见病害中,有 17 种为必识病害(症状特征见附录 1),名单如下:

　　1) 叶斑类病害:榉树叶斑病、大叶黄杨叶斑病、月季黑斑病、桃叶穿孔病;

　　2) 叶枯类病害:水杉赤枯病、纹枯病、草坪叶枯病;

　　3) 炭疽类病害:山茶炭疽病;

　　4) 变色类病害:香樟黄化病、栀子花黄化病;

　　5) 萎蔫类病害:线虫萎蔫病;

　　6) 白粉类病害:黄杨白粉病、十大功劳白粉病、悬铃木白粉病;

7) 锈病类病害：桧柏梨锈病、草坪锈病；

8) 其他叶部病害：煤污病。

(3) 根据病害识别和调查的结果，确定应防治的园林植物病害种类。

2. 操作要求

(1) 根据各种病害症状的典型特征，对不同植物上的叶部病害进行仔细识别。

(2) 使用放大镜、镊子等工具对受害部位进行仔细观察，确定病害危害情况。

(3) 谨慎操作，注意安全。

(4) 采集叶部病害标本时，最好不要伤及植物枝条，减少对植物的损伤。

7.3.2.2 确定防治技术

1. 操作规程

根据病害的防治面积，选用相应的防治技术。例如：叶面喷施70%甲基托布津可湿性粉剂防治叶斑病；叶面喷施25%粉锈宁可湿性粉剂防治锈病；在温室大棚中使用45%百菌清烟剂熏蒸防治霉病；在温室中用电炉加热硫磺粉防治白粉病。

各具体病害的防治措施见附录1。

2. 操作要求

对防止对象的发病规律要做详细记录，要熟悉防治技术流程。

7.3.2.3 组织实施

1. 操作规程

根据防治技术方案，分配任务，配制农药，喷施防治。例如：

(1) 叶面喷施甲基托布津可湿性粉剂防治叶斑病：先检查和试用药械，穿戴好防护用具；然后把70%甲基托布津可湿性粉剂配制成800倍液；选择叶斑病的植物进行叶面喷施，叶片正反面均喷药，喷药需均匀。

(2) 在温室大棚中用电炉加热硫磺粉进行熏蒸防治白粉病：在发生白粉病的温室大棚中，夜间将硫磺粉放在铁盒中，然后放在电炉上加热，温度控制在15℃～30℃，进行熏蒸，然后封闭温室，过夜即可。

各具体病害防治措施的组织实施见附录1。

2. 操作要求

(1) 做好防护措施，戴好口罩、手套、眼罩等防护用具。

(2) 小组成员密切配合，发挥团队精神。

(3) 使用喷雾器等工具时要小心操作，注意安全。

(4) 在温室内用药剂熏蒸时，人员要在点燃药剂后迅速退出，以免中毒。

(5) 防治病害时，要充分考虑多种防治措施，如物理防治、生物防治、农业防治等，尽量避免单纯的农药喷施。

7.3.2.4 检查验收与效果评价

1. 操作规程

防治后一周,统计发病株率,并填写"园林植物叶部病害防治记录表"(表7-2);对防治结果进行总结、分析,写出防治报告。

表7-2 园林植物叶部病害防治记录表

序号	防治对象名称	使用的药剂	施药方式	防治效果		备注
				发病株数	发病率	

2. 操作要求

根据统计数据进行统计分析,得出防治效果,并提出改进措施。

7.3.3 教师示范

根据本实训操作的特点,教师选取操作过程中的两个关键步骤,即病害识别、组织实施,以一种病害的识别和药剂喷施,面向学生进行操作演示和示范教学。

教师示范过程中,同学要认真观察和记录,记住其操作要点,为接下来实际操作打下基础。记录过程时,要充分利用手机等多媒体工具,通过笔记、照片和录像相结合的方式强化学习效果。

7.3.4 实际操作

(1) 学生分成小组,原则上5人一组,经过组内人员分工和任务分解,为每一个同学布置任务,识别工作场地内主要植物的各种叶部病害,确定防治对象;

(2) 小组分工合作,完成防治方案制定、农药使用和效果评价工作;

(3) 整理数据和资料,完成实训报告。

7.4 安全风险

本实训操作的安全风险等级:低。

本实训操作的安全风险问题主要有以下几个方面:

7.4.1 生态风险

农药喷施以及农药废料的处理可能会对环境造成污染。

7.4.2 操作安全

实训操作不当可能会造成一系列安全风险：配制农药过程中，可能引起农药中毒；喷雾器用油配置过程中，可能引起汽油燃烧；喷雾器使用过程中，可能造成身体受伤及农药中毒。

7.5 考核评价

本实训的考核评价标准分为过程评价和结果评价两部分。参加实训的每位同学达到合格标准的基本要求是学习态度端正、实训操作熟练规范、能够熟练识别17种常见叶部病害、能够独立针对17种常见叶部病害制定防治方案并实施。具体考核评价要求见"实训学习效果考核标准"（表7-3）。教师根据每位同学的实训情况，填写"学生学习效果考核评价表"（表7-4），完成考核评价。

表7-3 实训学习效果考核标准

评价类别	评价内容	分值	评价标准			
			A	B	C	D
过程评价	学习态度	5分	5分：学习态度端正，认真听讲和记录，积极思考，操作亲力亲为。	4分：学习态度较端正，听讲较认真，操作亲力亲为。	3分：能聆听教师的教学，有记录，操作基本可以做到亲力亲为。	0分：学习态度不端正，不听讲，不思考，不操作。
	团队合作	5分	5分：积极融入团队，与其他成员密切合作，互相帮助。	4分：整个团队分工较明确，基本可以做到权责清晰，分工合作。	3分：团队能按时完成工作任务，有分工，有合作。	0分：一盘散沙，团队涣散，没有明确分工。
	操作规范程度	15分	15分：操作和动作规范有序。	12分：操作和动作较规范，有个别不规范之处。	9分：操作能顺利完成，但部分操作有错误。	0分：不会操作，或乱操作。
	操作熟练程度	15分	15分：整个操作过程中，各步骤的操作非常熟练，动作流畅。	12分：操作步骤熟练，动作较为流畅，不拖泥带水。	9分：操作可以顺利完成，但部分操作和动作不熟练。	0分：不会操作，或乱操作。

(续表)

评价类别	评价内容	分值	评价标准 A	B	C	D
过程评价	场地清洁	10分	10分：随时保持操作区域的整洁,整个操作区干净卫生、无杂物,工具摆放有序。	8分：操作区域较为整洁,工作结束后进行全面扫除,工具摆放有序。	6分：操作过程中没有卫生工作,但操作结束后进行了全面清洁,场地较整洁。	0分：没有进行场地清洁,或者清洁工作敷衍了事。
结果评价	病害识别与防治	50分	50分：能够熟练识别17种常见叶部病害；能够独立针对17种常见叶部病害制定防治方案并实施。	40分：能够熟练识别15种常见叶部病害；能够独立针对15种常见叶部病害制定防治方案并实施。	30分：能够熟练识别10种常见叶部病害；能够独立针对10种常见叶部病害制定防治方案并实施。	0分：不能识别病害,或识别种类太少；不能指定防治方案。
总分		100分				

说明：
1. 考核评价标准由过程评价和结果评价两部分组成。过程评价50分,结果评价50分,总分100分。
2. 考核通过的要求是总分达到70分及以上,并且结果评价达到30分及以上。符合下列两种情况之一者,本次实训为不合格：
   (1) 过程评价和结果评价相加的总分未达到70分；
   (2) 结果评价分数未达到30分(不管总分是否达到70分)。

表7-4 学生学习效果考核评价表

班级：

姓名(学号)	过程评价					结果评价	总分(100分)
	学习态度(5分)	团队合作(5分)	操作规范(15分)	操作熟练(15分)	场地清洁(10分)	病害识别与防治(50分)	

说明：
1. 过程评价以小组为单位进行。每个小组的过程评价分数即为组内各同学的过程评价分数。
2. 结果评价以学生为单位进行。每位同学分别在教师的要求下对病虫害进行识别,完成结果评价。

实训报告

同学们根据实训报告格式和要求,在实训手册上完成实训报告。

考证提示

获得植保工、绿化工、花卉工、种苗工及技师资格证书,需具备以下知识和能力:

(1) 知识点:园林植物病害症状识别;病原鉴定及综合防治。

(2) 技能点:熟悉常见病害的发病规律和防治技术规程;能识别当地园林植物病害主要种类;能拟定各种病害的防治措施。

任务 8

园林植物枝干和根部病害及杂草防治

实际案例

2013年,上海市虹口区某小区居民向媒体反映,小区香樟树得了一种"怪病",不知道什么原因。接到居民报料后,记者昨日赶到该小区,发现感染"怪病"的主要是香樟树,患病部位主要集中在树干。居民李女士告诉记者:"我家在二楼,厨房外就有一棵香樟树,我无意中看到香樟树干有很大一块腐烂了,很恶心。下来一看,不光这一棵,附近10多棵都一样。"在李女士的指引下,记者看到小区内还有不少香樟树树干都有腐烂的迹象,数一数,有25棵。李女士以为有白蚁危害香樟,但抠开腐烂的部位,也没见有白蚁挖的虫孔。记者也用手抠掉一块腐烂树干的木质,里面的灰尘顿时撒开来。

那么,作为园林或植保专业的学生,你能帮助记者和居民判断一下香樟树到底得了什么病吗?应该怎么进行防治呢?如果不知道的话,学习一下本任务的知识就很有必要了。

最后,顺便交代一下案例中的香樟树到底得了什么病。记者后来请教了上海交通大学农学院的某位专家,专家认为这20多棵香樟感染的"怪病"很有可能是"香樟溃疡"病。

项目概述

植物枝干病害和根部病害以及田间杂草严重威胁着植物的健康生长。本实训的主要内容就是园林植物枝干和根部病害及杂草防治。在这里,同学们可以了解常见的枝干和根部病害及杂草都有哪些,它们的识别特征是什么,用什么方法来防治它们等一系列问题。掌握了这些知识,能让我们更有效的养护植物,保证它们健康生长,同时也有助于同学们考取绿化工、植保工等职业资格证书。

> 工作任务

8.1 目标要求

8.1.1 知识目标

(1) 熟悉常见的溃疡病、丛枝病、枯萎病等枝干病害的名称和症状;

(2) 熟悉常见的根癌病、白绢病等根部病害的名称和症状;

(3) 熟悉猝倒病等苗期病害和菟丝子等其他病害的名称和症状;

(4) 熟悉常见的牛筋草、香附子、天胡荽、马兰、早熟禾、狗牙根、加拿大一枝黄花、狗尾草、车前草等杂草的名称和识别特征;

(5) 熟悉常见枝干和根部病害及杂草的防治方法。

8.1.2 技能目标

(1) 能通过病害症状等特征识别常见的枝干和根部病害;

(2) 能通过外部形态特征识别常见杂草;

(3) 能采取相应的措施和方法防治常见枝干和根部病害及杂草。

8.2 材料准备

8.2.1 药剂

常用的杀菌剂和除草剂,如石硫合剂、五氯硝基苯、代森锰锌、多菌灵、阔叶净、乙草定等。

8.2.2 工具

喷雾器、塑料桶、塑料袋、塑胶手套、放大镜、镊子、铁锹等。

8.2.3 资料

当地园林植物病害和杂草的调查资料。

8.3 方法步骤

8.3.1 相关知识介绍

1. 枝干病害

枝干病害的危害特点有:

(1) 病原物在感病植物的病斑、病株残体、转主寄主上及土壤中越冬；

(2) 主要通过风雨传播,人类活动也是重要的传播途径；

(3) 潜育期较长,多在半月以上；

(4) 在一年中常在早春和夏初为发病盛期,夏季和秋初多处于越夏休眠期。

枝干病害的症状主要有腐烂、溃疡、丛枝、萎蔫等。其侵染性病原多为弱寄生菌,有真菌、细菌、线虫等；非侵染性病原有日灼、冻伤等。

枝干病害的防治方法主要有：

(1) 加强检疫工作,禁止病害及繁殖材料传入无病区。

(2) 加强养护管理,改善通风透光条件,增施磷钾肥；及时清除病落叶,并集中烧毁,春季干旱时,注意灌水,增强树势,提高园林植物抗病力。

(3) 选用抗病品种和健壮苗木。

(4) 发病初期伐除和烧毁病株,铲除转主寄主,消灭昆虫媒介,减少侵染来源。

(5) 发病初期用广谱杀菌剂涂抹树干,初夏或秋末用石硫合剂喷施。

2. 根部病害

根部病害的危害特点有：

(1) 病原物在土壤中长期存活；

(2) 通过主动传播和水流传播,根据相互接触也是传播途径；

(3) 往往经过多年后才会造成大面积的侵染,但病菌一旦在绿地中定植下来就很难根除。

根部病害的症状主要有肿瘤、毛根等。其侵染性病原多为弱寄生菌,有真菌、线虫等；非侵染性病原有土壤积水、酸碱度不适、土壤板结、施肥不当等。

根部病害的防治方法主要有：

(1) 选好苗地,改良土壤。

(2) 加强种子和土壤消毒。

(3) 选用抗病品种。

(4) 清理病树和化学防治结合。

(5) 生物防治。

8.3.2 操作流程

操作流程如图 8-1 所示。

8.3.2.1 识别并确定防治对象

1. 操作规程

(1) 选定上海城建(园林)学校实训基地的某块区域或某公园、苗圃,划定工作范围。

表 8-1 操作流程一览表

工作环节	操 作 要 点	操 作 要 求
识别并确定防治对象	通过现场调查病害和杂草的方法,对常见的枝干和根部病害及杂草进行识别和鉴定,确定防治对象。	1. 使用放大镜、镊子等工具对受害部位进行仔细观察,确定病害危害情况。 2. 谨慎操作,注意安全。 3. 采集枝干和根部病害及杂草标本时,最好不要伤及植物枝条,减少对植物的损伤。
确定防治技术	根据病害的防治面积,选用相应的防治技术。	对防止对象的发病规律要做详细记录,要熟悉防治技术流程。
组织实施	根据防治技术方案,分配任务,配制农药,喷施防治。	1. 做好防护措施,戴好口罩、手套、眼罩等防护用具。 2. 小组成员密切配合,发挥团队精神。 3. 使用喷雾器等工具时要小心操作,注意安全。 4. 防治病害时,要充分考虑多种防治措施,如物理防治、生物防治、农业防治等,尽量避免单纯的农药喷施。
检查验收与效果评价	防治后一周,统计发病株率,并填写表 8-2 或表 8-3;对防治结果进行总结、分析,写出防治报告。	根据统计数据进行统计分析,得出防治效果,并提出改进措施。

(2) 根据本教材附录1"常见病害、害虫和杂草识别特征及防治简述"对常见枝干和根部病害及杂草的介绍,通过现场调查病害症状和形态特征的方法,对常见的枝干和根部病害及杂草进行识别和鉴定。其中有 7 种病害和 9 种杂草为必识病害和杂草(症状特征见附录1),名单如下:

1) 根部病害:根癌病、菊花白绢病;

2) 枝干病害:泡桐丛枝病、竹子丛枝病、香樟溃疡病;

3) 苗期病害:葫芦科猝倒病;

4) 其他病害:菟丝子;

5) 常见杂草:牛筋草、香附子、天胡荽、马兰、早熟禾、狗牙根、加拿大一枝黄花、狗尾草、车前草。

(3) 根据病害识别和调查的结果,确定应防治的园林植物病害种类。

2. 操作要求

(1) 根据各种病害症状的典型特征,对不同植物上的病害和各种杂草进行仔细识别。

(2) 使用放大镜、镊子等工具对受害部位进行仔细观察,确定病害危害情况。

(3) 谨慎操作,注意安全。

(4) 采集病害标本时,最好不要伤及植物枝条,减少对植物的损伤。

8.3.2.2 确定防治技术

1. 操作规程

根据病害和杂草的防治面积,选用相应的防治技术。例如:发病初期用50%甲基托布津可湿性粉剂200倍液涂抹病斑,涂前用小刀将病组织划破。涂药5天后,再用50～100 mg/L赤霉素涂抹病斑周围,促进愈合组织产生,阻止复发。

各具体病害和杂草的防治措施见附录1。

2. 操作要求

对防止对象的发病规律要做详细记录,要熟悉防治技术流程。

8.3.2.3 组织实施

1. 操作规程

根据防治技术方案,分配任务,配制农药,喷施防治。例如:

树干涂抹涂伤剂防治腐烂病:先配制涂伤剂,做法为取生石灰5 kg、石硫合剂原液500 mL、盐0.5 kg、动物油0.1 kg、水20 kg,用少量水将生石灰和盐分别化开,然后将两液混合并倒入剩余的水,再加入石硫合剂、动物油,搅拌均匀。再在10月下旬,在离地面1.3 m高度树干上,用刷子均匀涂刷涂伤剂,直至树基部。

各具体病害防治措施的组织实施见附录1。

2. 操作要求

(1) 做好防护措施,戴好口罩、手套、眼罩等防护用具。

(2) 小组成员密切配合,发挥团队精神。

(3) 使用喷雾器等工具时要小心操作,注意安全。

(4) 防治病害时,要充分考虑多种防治措施,如物理防治、生物防治、农业防治等,尽量避免单纯的农药喷施。

8.3.2.4 检查验收与效果评价

1. 操作规程

防治后一周,统计发病株率,并填写"园林植物叶部病害防治记录表"(表8-2)、"园林杂草防治记录表"(表8-3);对防治结果进行总结、分析,写出防治报告。

表8-2 园林植物叶部病害防治记录表

序号	防治对象名称	使用的药剂	施药方式	防治效果		备注
				发病株数	发病率	

表 8-3　园林杂草防治记录表

序　号	防治对象名称	使用的药剂	施药方式	防治效果	备　注

2. 操作要求

根据统计数据进行统计分析,得出防治效果,并提出改进措施。

8.3.3　教师示范

根据本实训操作的特点,教师选取操作过程中的两个关键步骤,即病害识别、组织实施,以一种病害的识别和药剂涂刷,面向学生进行操作演示和示范教学。

教师示范过程中,同学要认真观察和记录,记住其操作要点,为接下来实际操作打下基础。记录过程时,要充分利用手机等多媒体工具,通过笔记、照片和录像相结合的方式强化学习效果。

8.3.4　实际操作

(1) 学生分成小组,原则上 5 人一组,经过组内人员分工和任务分解,为每一个同学布置任务,识别工作场地内主要植物的各种病害和杂草,确定防治对象;

(2) 小组分工合作,完成防治方案制定、农药使用和效果评价工作;

(3) 整理数据和资料,完成实训报告。

8.4　安全风险

本实训操作的安全风险等级:低。

本实训操作的安全风险问题主要有以下几个方面:

8.4.1　生态风险

农药喷施以及农药废料的处理可能会对环境造成污染。

8.4.2　操作安全

实训操作不当可能会造成一系列安全风险:配制农药过程中,可能引起农药中毒;喷雾器用油配置过程中,可能引起汽油燃烧;喷雾器使用过程中,可能造成身体受伤及农药中毒。

8.5 考核评价

本实训的考核评价标准分为过程评价和结果评价两部分。参加实训的每位同学达到合格标准的基本要求是学习态度端正、实训操作熟练规范、能够熟练识别 7 种常见枝干和根部病害以及 4 种杂草、能够独立针对上述病害和杂草制定防治方案并实施。具体考核评价要求见"实训学习效果考核标准"(表 8-4)。教师根据每位同学的实训情况,填写"学生学习效果考核评价表"(表 8-5),完成考核评价。

表 8-4 实训学习效果考核标准

评价类别	评价内容	分值	评价标准 A	B	C	D
过程评价	学习态度	5 分	5 分:学习态度端正,认真听讲和记录,积极思考,操作亲力亲为。	4 分:学习态度较端正,听讲较认真,操作亲力亲为。	3 分:能聆听教师的教学,有记录,操作基本可以做到亲力亲为。	0 分:学习态度不端正,不听讲,不思考,不操作。
	团队合作	5 分	5 分:积极融入团队,与其他成员密切合作,互相帮助。	4 分:整个团队分工较明确,基本可以做到权责清晰,分工合作。	3 分:团队能按时完成工作任务,有分工,有合作。	0 分:一盘散沙,团队涣散,没有明确分工。
	操作规范程度	15 分	15 分:操作和动作规范有序。	12 分:操作和动作较规范,有个别不规范之处。	9 分:操作能顺利完成,但部分操作有错误。	0 分:不会操作,或乱操作。
	操作熟练程度	15 分	15 分:整个操作过程中,各步骤的操作非常熟练,动作流畅。	12 分:操作步骤熟练,动作较为流畅,不拖泥带水。	9 分:操作可以顺利完成,但部分操作和动作不熟练。	0 分:不会操作,或乱操作。
	场地清洁	10 分	10 分:随时保持操作区域的整洁,整个操作区干净卫生,无杂物,工具摆放有序。	8 分:操作区域较为整洁,工作结束后进行全面扫除,工具摆放有序。	6 分:操作过程中没有卫生工作,但操作结束后进行了全面清洁,场地较整洁。	0 分:没有进行场地清洁,或者清洁工作敷衍了事。

(续表)

评价类别	评价内容	分值	评 价 标 准			
			A	B	C	D
结果评价	病害识别与防治	50分	50分：能够熟练识别7种枝干和根部病害以及9种杂草；能够独立针对上述病害和杂草制定防治方案并实施。	40分：能够熟练识别5种枝干和根部病害以及6种杂草；能够独立针对上述病害和杂草制定防治方案并实施。	30分：能够熟练识别4种枝干和根部病害以及5种杂草；能够独立针对上述病害和杂草制定防治方案并实施。	0分：不能识别病害，或识别种类太少；不能指定防治方案。
总分		100分				

说明：

1. 考核评价标准由过程评价和结果评价两部分组成。过程评价50分，结果评价50分，总分100分。

2. 考核通过的要求是总分达到70分及以上，并且结果评价达到30分及以上。符合下列两种情况之一者，本次实训为不合格：

（1）过程评价和结果评价相加的总分未达到70分；

（2）结果评价分数未达到30分（不管总分是否达到70分）。

表8-5 学生学习效果考核评价表

班级：

姓名（学号）	过 程 评 价					结果评价	总分（100分）
	学习态度（5分）	团队合作（5分）	操作规范（15分）	操作熟练（15分）	场地清洁（10分）	病害识别与防治（50分）	

说明：

1. 过程评价以小组为单位进行。每个小组的过程评价分数即为组内各同学的过程评价分数。

2. 结果评价以学生为单位进行。每位同学分别在教师的要求下对病虫害进行识别，完成结果评价。

实训报告

同学们根据实训报告格式和要求，在实训手册上完成实训报告。

> **考证提示**

获得植保工、绿化工、花卉工、种苗工及技师资格证书,需具备以下知识和能力:

(1) 知识点:园林植物病害症状识别、病原鉴定及综合防治、常见杂草的识别和防治。

(2) 技能点:熟悉常见病害的发病规律和防治技术规程;能识别当地园林植物病害主要种类;能拟定各种病害的防治措施;能识别当地常见杂草并制定防治措施。

任务 9
园林植物食叶和蛀干害虫防治

实际案例

2009年，绍兴市有位章姓市民向新闻热线反映，他经过群贤路，看到在人行道上有几棵香樟树的树枝上垂挂着一个个"小灯笼"一样的东西，凑近一看，发现是被树叶包裹起来的虫巢。章先生想知道这到底是什么，是不是应该清除。

记者来到城区的几条主干道上转了转，发现人行道上种植很多香樟树，而在城区的几个公园里，随处可见香樟树，而章先生说的"小灯笼"不仔细看很难发现，但是在树叶较茂盛的地方，就能发现它们一个个垂挂在树枝上，有的树上挂着好几个，远远看去就像一小团枯叶，近看才发现，虫窝由枯叶、虫子吐的丝和虫粪组成，虫子躲在里面，虫窝外面粘着许多虫卵、枯叶和树枝，牢牢地挂在树枝上。记者随即采访了几位路人，一位姓陈的大爷说，这应该是种虫害，但是不知道对香樟树会不会有损害。

在市园林绿化管理处，园林工程师向记者揭开了"小灯笼"的真实面目。原来，这是一种名叫"樟巢螟"的害虫，一般一个虫窝有四五条虫组成，它会吐丝，并吃掉香樟树上的叶子。大的巢穴直径达1.5 cm左右。"樟巢螟"孵化幼虫具有群集性，常将数张叶片缀合形成"虫包"，幼虫躲在虫包内啃食叶片，每个虫包中常有数条至几十条虫不等，对香樟树的危害极大。据了解，城区香樟树的数量达到2.5万棵以上，但是90%以上的香樟树都会有不同程度的"樟巢螟"虫害。

如果你是园林绿化管理处的一名技术人员，你认识这种害虫吗？应该怎么进行防治呢？如果不知道的话，就请到本任务的教学内容中寻找答案吧。

项目概述

食叶和蛀干害虫严重威胁着植物的健康生长。本实训的主要内容就是园林植物食叶和蛀干害虫防治。在这里,同学们可以了解常见的食叶和蛀干害虫有哪些,它们的识别特征是什么,用什么方法来防治它们等一系列问题。掌握了这些知识,就能使我们更有效地养护植物,保证它们健康生长,同时也有助于同学们考取绿化工、植保工等职业资格证书。

工作任务

9.1 目标要求

9.1.1 知识目标

(1)熟悉常见的黄刺蛾、樟巢螟、茶蓑蛾、侧柏毒蛾、斜纹夜蛾、褐边绿刺蛾、葱兰夜蛾、扁刺蛾、木蠹蛾、桑毛虫、卷叶蛾等食叶害虫的名称和特征;

(2)熟悉常见的桑天牛、薄翅锯天牛、红颈天牛、臭椿沟眶象、长足大竹象、白蚁等蛀干害虫的名称和特征;

(3)熟悉常见食叶和蛀干害虫的防治方法。

9.1.2 技能目标

(1)能通过形态特征识别常见的食叶和蛀干害虫;

(2)能采取相应的措施和方法防治常见食叶和蛀干害虫。

9.2 材料准备

9.2.1 药剂和材料

常用的杀虫剂,如阿维菌素、杀虫双、氰戊菊酯、灭幼脲、敌敌畏、磷化铝、赤眼蜂等。

9.2.2 工具

喷雾器、诱捕器、杀虫灯、铁锹、镊子、放大镜、铁丝、钉子等。

9.2.3 资料

当地园林害虫的调查资料、种类与分布情况。

9.3 方法步骤

9.3.1 相关知识介绍

1. 食叶害虫

食叶害虫的危害特点有：

(1) 具有咀嚼式口器，往往以幼虫或成虫危害叶片；
(2) 危害症状有叶片缺刻、网状、卷叶、潜叶等机械损伤，猖獗时把叶片吃光；
(3) 大多数营裸露生活，受环境因子影响大，其虫口密度变动大；
(4) 多数种类繁殖力强，产卵集中，易暴发成灾，能主动迁移扩散。

食叶害虫主要包括鳞翅目的蝶类和蛾类、鞘翅目的叶甲、膜翅目的叶蜂、直翅目的竹蝗等。

食叶害虫的防治方法主要有：

(1) 加强检疫工作，严禁调入、调出带虫苗木。
(2) 加强养护管理，消灭越冬虫源，及时清除落叶、杂草，减少虫口基数。
(3) 选用抗虫品种和健壮苗木。
(4) 利用趋光性和趋化性诱杀害虫；人工捕杀害虫。
(5) 利用天敌捕杀害虫；使用白僵菌、苏云金杆菌等生物制剂杀灭害虫。
(6) 药剂防治。幼虫3龄前喷药防治。

2. 蛀干害虫

蛀干害虫的危害特点有：

(1) 生活隐蔽，除成虫裸露外，其他各虫态均在树木内部生活；
(2) 虫口密度稳定；
(3) 危害严重，影响植物输导系统传递养分和水分，导致树势衰弱或死亡。

蛀干害虫主要包括鞘翅目的天牛、小蠹虫、吉丁虫、象甲，鳞翅目的木蠹蛾、透翅蛾、螟蛾，膜翅目的瘿蜂等。

蛀干害虫的防治方法主要有：

(1) 加强检疫工作，严禁调入、调出带虫苗木。
(2) 主要以预防为主，加强管理，增强树势。伐除受害严重的树，合理修剪。
(3) 人工捕杀害虫；结合修剪，剪除藏有幼虫的枝条。
(4) 利用趋光性和趋化性诱杀害虫。
(5) 利用寄生蜂、线虫、捕食性昆虫等天敌捕杀害虫。
(6) 药剂防治。幼虫危害期，用注射器注射敌敌畏；幼虫孵化期用乐果涂刷树干；成虫羽化前用吡虫啉喷施。

9.3.2 操作流程

操作流程如表9-1所示。

表9-1 操作流程一览表

工作环节	操作要点	操作要求
识别并确定防治对象	通过现场调查法,对常见的食叶和蛀干害虫进行识别和鉴定,确定防治对象。	1. 使用放大镜、镊子等工具对受害部位进行仔细观察,确定病害危害情况。 2. 谨慎操作,注意安全。
确定防治地点和面积	确定作业的地点,详细测量被害植物的面积。	借助GPS设备测量防治面积。
查阅生活史、设计防治方案	查阅蛾类等常见害虫的参考资料,确定防治对象的生活习性,根据实际情况设计合适的防治方案。	对防治对象的生活史应该详细记录,并熟悉防治技术规程。
组织实施	根据防治技术方案,分配任务,配制农药,喷施防治。	1. 做好防护措施,戴好口罩、手套、眼罩等防护用具。 2. 小组成员密切配合,发挥团队精神。 3. 使用喷雾器等工具时要小心操作,注意安全。 4. 人工捕杀时要避免毒蛾、刺蛾等幼虫对皮肤的伤害。 5. 防治害虫时,要充分考虑多种防治措施,如物理防治、生物防治、农业防治等,尽量避免单纯的农药喷施。
检查验收与效果评价	防治结束后,统计活虫数量和死虫数量;对防治结果进行总结、分析,写出防治报告。	根据统计数据进行统计分析,得出防治效果,并提出改进措施。

9.3.2.1 识别并确定防治对象

1. 操作规程

(1) 选定上海城建(园林)学校实训基地的某块区域或某公园、苗圃,划定工作范围。

(2) 根据本教材附录1"常见病害、害虫和杂草识别特征及防治简述"对常见食叶和蛀干害虫特征的介绍,通过现场调查法,对常见的食叶和蛀干害虫进行识别和鉴定。其中有17种为必识害虫(症状特征见附录1),名单如下:

1) 食叶害虫:黄刺蛾、樟巢螟、茶蓑蛾、侧柏毒蛾、斜纹夜蛾、褐边绿刺蛾、葱兰夜蛾、扁刺蛾、木蠹蛾、桑毛虫、卷叶蛾。

2) 蛀干害虫:桑天牛、薄翅锯天牛、红颈天牛、臭椿沟眶象、长足大竹象、白蚁。

(3) 根据害虫识别和调查的结果,确定应防治的园林植物害虫种类。

2. 操作要求

(1) 使用放大镜、镊子等工具对受害部位进行仔细观察,确定病害危害情况。

(2) 谨慎操作,注意安全。

9.3.2.2 确定防治地点和面积

1. 操作规程

确定作业的地点,详细测量被害植物的面积。

2. 操作要求

借助 GPS 设备测量防治面积。

9.3.2.3 查阅生活史、设计防治方案

1. 操作规程

查阅蛾类等常见害虫的参考资料,确定防治对象的生活习性,根据实际情况设计合适的防治方案,如杀虫灯诱杀、喷施药剂、天敌利用等。

2. 操作要求

对防治对象的生活史应该详细记录,并熟悉防治技术规程。

9.3.2.4 组织实施

1. 操作规程

根据防治技术方案,分配任务,配制农药,喷施防治。例如:

(1) 成虫羽化盛期,挂杀虫灯诱杀成虫。

(2) 人工捕杀群集的低龄幼虫和茧。

(3) 喷施灭幼脲杀灭害虫。

各害虫防治措施的组织实施见附录1。

2. 操作要求

(1) 做好防护措施,戴好口罩、手套、眼罩等防护用具。

(2) 小组成员密切配合,发挥团队精神。

(3) 使用喷雾器等工具时要小心操作,注意安全。

(4) 人工捕杀时要避免毒蛾、刺蛾等幼虫对皮肤的伤害。

(5) 防治害虫时,要充分考虑多种防治措施,如物理防治、生物防治、农业防治等,尽量避免单纯的农药喷施。

9.3.2.5 检查验收与效果评价

1. 操作规程

防治结束后,统计活虫数量和死虫数量;对防治结果进行总结、分析,写出防治报告。

2. 操作要求

根据统计数据进行统计分析,得出防治效果,并提出改进措施。

9.3.3 教师示范

根据本实训操作的特点,教师选取操作过程中的两个关键步骤,即害虫识别、组织实施,以一种害虫的识别和药剂喷施,面向学生进行操作演示和示范教学。

教师示范过程中,同学要认真观察和记录,记住其操作要点,为接下来实际操作打下基础。记录过程时,要充分利用手机等多媒体工具,通过笔记、照片和录像相结合的方式强化学习效果。

9.3.4 实际操作

(1) 学生分成小组,原则上5人一组,经过组内人员分工和任务分解,为每一个同学布置任务,识别工作场地内主要植物的各种食叶和蛀干害虫,确定防治对象;

(2) 小组分工合作,完成资料查阅、防治方案制定、农药使用和效果评价工作;

(3) 整理数据和资料,完成实训报告。

9.4 安全风险

本实训操作的安全风险等级:中低。

本实训操作的安全风险问题主要有以下几个方面:

9.4.1 生态风险

农药喷施以及农药废料的处理可能会对环境造成污染。

9.4.2 操作安全

实训操作不当可能会造成一系列安全风险:配制农药过程中,可能引起农药中毒;喷雾器用油配置过程中,可能引起汽油燃烧;喷雾器使用过程中,可能造成身体受伤及农药中毒;人工捕杀毒蛾或刺蛾时,可能被害虫接触皮肤引起过敏;安装杀虫灯时,可能会被碰伤。

9.5 考核评价

本实训的考核评价标准分为过程评价和结果评价两部分。参加实训的每位同学达到合格标准的基本要求是学习态度端正、实训操作熟练规范、能够熟练识别17种常见食叶和蛀干害虫、能够独立针对17种常见食叶和蛀干害虫制定防治方案并实施。具体考核评价要求见"实训学习效果考核标准"(表9-2)。教师根据每位同学的实训情况,填写"学生学习效果考核评价表"(表9-3),完成考核评价。

表 9-2 实训学习效果考核标准

评价类别	评价内容	分值	评价标准 A	B	C	D
过程评价	学习态度	5分	5分：学习态度端正，认真听讲和记录，积极思考，操作亲力亲为。	4分：学习态度较端正，听讲较认真，操作亲力亲为。	3分：能聆听教师的教学，有记录，操作基本可以做到亲力亲为。	0分：学习态度不端正，不听讲，不思考，不操作。
	团队合作	5分	5分：积极融入团队，与其他成员密切合作，互相帮助。	4分：整个团队分工较明确，基本可以做到权责清晰，分工合作。	3分：团队能按时完成工作任务，有分工，有合作。	0分：一盘散沙，团队涣散，没有明确分工。
	操作规范程度	15分	15分：操作和动作规范有序。	12分：操作和动作较规范，有个别不规范之处。	9分：操作能顺利完成，但部分操作有错误。	0分：不会操作，或乱操作。
	操作熟练程度	15分	15分：整个操作过程中，各步骤的操作非常熟练，动作流畅。	12分：操作步骤熟练，动作较为流畅，不拖泥带水。	9分：操作可以顺利完成，但部分操作和动作不熟练。	0分：不会操作，或乱操作。
	场地清洁	10分	10分：随时保持操作区域的整洁，整个操作区干净卫生、无杂物，工具摆放有序。	8分：操作区域较为整洁，工作结束后进行全面扫除，工具摆放有序。	6分：操作过程中没有卫生工作，但操作结束后进行了全面清洁，场地较整洁。	0分：没有进行场地清洁，或者清洁工作敷衍了事。
结果评价	害虫识别与防治	50分	50分：能够熟练识别17种常见食叶和蛀干害虫；能够独立针对17种常见食叶和蛀干害虫制定防治方案并实施。	40分：能够熟练识别15种常见食叶和蛀干害虫；能够独立针对15种常见食叶和蛀干害虫制定防治方案并实施。	30分：能够熟练识别7种常见食叶和蛀干害虫；能够独立针对7种常见食叶和蛀干害虫制定防治方案并实施。	0分：不能识别害虫，或识别种类太少；不能指定防治方案。
总分		100分				

说明：
1. 考核评价标准由过程评价和结果评价两部分组成。过程评价50分，结果评价50分，总分100分。
2. 考核通过的要求是总分达到70分及以上，并且结果评价达到30分及以上。符合下列两种情况之一者，本次实训为不合格：
(1) 过程评价和结果评价相加的总分未达到70分；
(2) 结果评价分数未达到30分（不管总分是否达到70分）。

表 9-3 学生学习效果考核评价表

班级：

姓名（学号）	过程评价					结果评价	总分（100分）
	学习态度（5分）	团队合作（5分）	操作规范（15分）	操作熟练（15分）	场地清洁（10分）	害虫识别与防治(50分)	

说明：
1. 过程评价以小组为单位进行。每个小组的过程评价分数即为组内各同学的过程评价分数。
2. 结果评价以学生为单位进行。每位同学分别在教师的要求下对病虫害进行识别，完成结果评价。

实训报告

同学们根据实训报告格式和要求，在实训手册上完成实训报告。

考证提示

获得植保工、绿化工、花卉工、种苗工及技师资格证书，需具备以下知识和能力：
（1）知识点：园林植物害虫类群的危害、识别特征、生物学特性。
（2）技能点：能识别当地常见园林植物害虫种类；能根据害虫发生情况，制定害虫综合防治方案并实施。

任务 10

园林植物刺吸和地下害虫防治

实际案例

2015年5月的一天,家住西安市玄武路上某小区的樊大妈对媒体反映,小区里有的树上虫子很多,园林工人用手一个一个捋,让她很感动。

樊大妈说,小区绿化不错,每天早上很多人在广场锻炼。昨日早上,她看见有园林工人爬在树上,就走近看,才发现树枝上裹着一节一节白色的棉花一样的东西。园林工作人员告诉她,那些都是虫子,喷药没起多大作用,他们只好用手捋下来装进塑料袋,然后统一烧掉。

在樊大妈指点下,记者找到了遭虫害的几棵小树,树枝上一段一段被棉絮一样的东西缠裹成了白色。一名园林工人说,从二三月就开始喷药了,都喷了几遍了,但对这种虫子好像没起作用。

据园艺师老曹介绍,这种虫就是蚧壳虫,又名"介壳虫"。虫体上有蜡质分泌物,形如介壳,蚧壳虫也因此而得名。蚧壳虫是花卉和果树上最常见的害虫,常群集于枝、叶、果上,吸取植物汁液为生,严重时会造成枝条凋萎或全株死亡。此外,蚧壳虫的分泌物还能诱发煤污病,危害极大。老曹说,这种虫子用药物可以杀死,但是时间比较慢,精细化防治,两三年就没有了。

如果你是园林绿化管理处的一名技术人员,你认识这种害虫吗?应该怎么进行防治呢?如果不知道的话,就请到本任务的教学内容中寻找答案吧。

项目概述

刺吸和地下害虫严重威胁着植物的健康生长。本实训的主要内容就是园林植物刺吸和地下害虫防治。在这里,同学们可以了解常见的刺吸和地下害虫有哪些,它们的识别特征是什么,用什么方法来防治它们等一系列问题。掌握了这些知识,能让我们更有效的养护植物,保证它们健康生长,同时也有助于同学们考取绿化工、植保工等职业资格证书。

工作任务

10.1 目标要求

10.1.1 知识目标

(1)熟悉常见的松红蜡蚧、日本壶蚧、吹绵蚧、纽绵蚧、紫薇绒蚧、栾多态毛蚜、草履蚧、青桐木虱、杜鹃网蝽、夹竹桃蚜、悬铃木方翅网蝽等刺吸害虫的名称和特征;
(2)熟悉常见的蛴螬、小地老虎、蝼蛄等地下害虫的名称和特征;
(3)熟悉常见刺吸和地下害虫的防治方法。

10.1.2 技能目标

(1)能通过形态特征识别常见的刺吸和地下害虫;
(2)能采取相应的措施和方法防治常见刺吸和地下害虫。

10.2 材料准备

10.2.1 药剂和材料

常用的杀虫剂,如吡虫啉、克百威、辛硫磷、敌百虫等,以及糖、醋、酒、谷物等。

10.2.2 工具

喷雾器、诱捕器、杀虫灯、铁锹、镊子、放大镜、黄色胶液纸板等。

10.2.3 资料

当地园林害虫的调查资料、种类与分布情况。

10.3 方法步骤

10.3.1 相关知识介绍

1. 刺吸害虫

刺吸害虫的危害特点有:

(1) 以刺吸式口器吸取幼嫩组织的养分；

(2) 危害症状有叶片变色、皱缩、形成虫瘿，或枝条枯萎、植物畸形；

(3) 多数发生代数多，高峰期明显；

(4) 大多个体小，繁殖力强，发生初期危害状不明显；

(5) 扩散蔓延迅速；

(6) 很多种类为传毒昆虫，可传播植物病毒病。

刺吸害虫主要包括半翅目的蚧壳虫、蚜虫、木虱、粉虱、叶蝉、蟥类；缨翅目的蓟马等。

刺吸害虫的防治方法主要有：

(1) 加强检疫工作，严禁调入、调出带虫苗木。

(2) 加强养护管理，改善生态环境，及时清除落叶、杂草，减少虫口基数。

(3) 物理防治。蚧壳虫、蚜虫数量少时，用软刷、毛笔清除；冬春，结合修剪，减去部分带虫枝，集中烧毁；利用黄板诱蚜。

(4) 生物防治。

(5) 化学防治。少用广谱触杀剂，多用对天敌杀伤小的、内吸和传导作用大的药物，如喷施吡虫啉、毒死蜱、杀灭菊酯。

2. 地下害虫

地下害虫的危害特点有：

(1) 生活在土中，发生和危害隐蔽；

(2) 数量大，分布广，食性杂；

(3) 主要以咀嚼式口器危害种子、幼苗、根；

(4) 喜食发芽种子、幼茎，造成幼苗死亡，形成缺苗断垄，植物叶片枯黄等。

地下害虫主要包括鳞翅目的地老虎、鞘翅目的蛴螬、直翅目的蝼蛄、等翅目的白蚁等。

地下害虫的防治方法主要有：

(1) 加强苗地管理。秋季深耕翻土，必要时施撒辛硫磷颗粒剂，毒杀越冬虫源。

(2) 土壤处理。播种前用辛硫磷颗粒剂加细土制成毒土，撒在苗床上，翻入土中。

(3) 药剂拌种。用种子重1%的辛硫磷缓释剂拌种。

(4) 诱杀害虫。用糖醋液诱杀地老虎成虫；用黑光灯诱杀地老虎、金龟子、蝼蛄。

(5) 药剂防治。苗木、花卉、草坪草在根部浇灌辛硫磷乳油或吡虫啉乳油。

10.3.2 操作流程

操作流程如表10-1所示。

表 10-1 操作流程一览表

工作环节	操 作 要 点	操 作 要 求
识别并确定防治对象	通过现场调查法,对常见的刺吸和地下害虫进行识别和鉴定,确定防治对象。	1. 蚜虫、介壳虫等体型较小的昆虫,观察时要借助放大镜。 2. 谨慎操作,注意安全。
确定防治地点和面积	确定作业的地点,详细测量被害植物的面积。	借助GPS设备测量防治面积。
查阅生活史、设计防治方案	查阅蛾类等常见害虫的参考资料,确定防治对象的生活习性,根据实际情况设计合适的防治方案。	对防治对象的生活史应该详细记录,并熟悉防治技术规程。
组织实施	根据防治技术方案,分配任务,配制农药,喷施防治。	1. 做好防护措施,戴好口罩、手套、眼罩等防护用具。 2. 小组成员密切配合,发挥团队精神。 3. 使用铁锹、喷雾器等工具时要小心操作,注意安全。 4. 防治害虫时,要充分考虑多种防治措施,如物理防治、生物防治、农业防治等,尽量避免单纯的农药喷施。
检查验收与效果评价	防治结束后,统计活虫数量和死虫数量;对防治结果进行总结、分析,写出防治报告。	根据统计数据进行统计分析,得出防治效果,并提出改进措施。

10.3.2.1 识别并确定防治对象

1. 操作规程

(1) 选定上海城建(园林)学校实训基地的某块区域或某公园、苗圃,划定工作范围。

(2) 根据本教材附录1"常见病害、害虫和杂草识别特征及防治简述"对常见刺吸和地下害虫特征的介绍,通过现场调查法,对常见的刺吸和地下害虫进行识别和鉴定。其中有14种为必识害虫(症状特征见附录1),名单如下:

1) 刺吸害虫:松红蜡蚧、日本壶蚧、吹绵蚧、纽绵蚧、紫薇绒蚧、栾多态毛蚜、草履蚧、青桐木虱、杜鹃网蝽、夹竹桃蚜、悬铃木方翅网蝽;

2) 地下害虫:蛴螬、地老虎、蝼蛄。

(3) 根据害虫识别和调查的结果,确定应防治的园林植物害虫种类。

2. 操作要求

(1) 蚜虫、蚧壳虫等体型较小的昆虫,观察时要借助放大镜。

(2) 谨慎操作,注意安全。

10.3.2.2　确定防治地点和面积

1. 操作规程

确定作业的地点,详细测量被害植物的面积。

2. 操作要求

借助 GPS 设备测量防治面积。

10.3.2.3　查阅生活史、设计防治方案

1. 操作规程

查阅蛾类等常见害虫的参考资料,确定防治对象的生活习性,根据实际情况设计合适的防治方案,如杀虫灯诱杀、喷施药剂、天敌利用等。

2. 操作要求

对防治对象的生活史应该详细记录,并熟悉防治技术规程。

10.3.2.4　组织实施

1. 操作规程

根据防治技术方案,分配任务,配制农药,喷施防治。例如:

(1) 在苗地挂黄板,诱杀蚜虫。

(2) 吡虫啉涂茎。用吡虫啉乳油 100 倍液,幼树涂药 2～3 mL,大树约 5 mL。

(3) 喷施吡虫啉可湿性粉剂。

(4) 用糖醋液(糖∶醋∶酒∶水=6∶3∶1∶2,加敌百虫少量)诱杀地老虎成虫。将糖醋液配好后,倒入塑料盆,在傍晚放在苗地上。

各害虫防治措施的组织实施见附录1。

2. 操作要求

(1) 做好防护措施,戴好口罩、手套、眼罩等防护用具。

(2) 小组成员密切配合,发挥团队精神。

(3) 使用铁锹、喷雾器等工具时要小心操作,注意安全。

(4) 防治害虫时,要充分考虑多种防治措施,如物理防治、生物防治、农业防治等,尽量避免单纯的农药喷施。

10.3.2.5　检查验收与效果评价

1. 操作规程

防治结束后,统计活虫数量和死虫数量;对防治结果进行总结、分析,写出防治报告。

2. 操作要求

根据统计数据进行统计分析,得出防治效果,并提出改进措施。

10.3.3 教师示范

根据本实训操作的特点,教师选取操作过程中的两个关键步骤,即害虫识别、组织实施,以一种害虫的识别和药剂喷施,面向学生进行操作演示和示范教学。

教师示范过程中,同学要认真观察和记录,记住其操作要点,为接下来实际操作打下基础。记录过程时,要充分利用手机等多媒体工具,通过笔记、照片和录像相结合的方式强化学习效果。

10.3.4 实际操作

(1) 学生分成小组,原则上 5 人一组,经过组内人员分工和任务分解,为每一个同学布置任务,识别工作场地内主要植物的各种刺吸和地下害虫,确定防治对象;

(2) 小组分工合作,完成资料查阅、防治方案制定、农药使用和效果评价工作;

(3) 整理数据和资料,完成实训报告。

10.4 安全风险

本实训操作的安全风险等级:中低。

本实训操作的安全风险问题主要有以下几个方面:

10.4.1 生态风险

农药喷施以及农药废料的处理可能会对环境造成污染。

10.4.2 操作安全

实训操作不当可能会造成一系列安全风险:配制农药过程中,可能引起农药中毒;喷雾器用油配置过程中,可能引起汽油燃烧;喷雾器使用过程中,可能造成身体受伤及农药中毒;安装杀虫灯时,可能会被碰伤。

10.5 考核评价

本实训的考核评价标准分为过程评价和结果评价两部分。参加实训的每位同学达到合格标准的基本要求是学习态度端正、实训操作熟练规范、能够熟练识别 14 种常见刺吸和地下害虫、能够独立针对 14 种常见刺吸和地下害虫制定防治方案并实施。具体考核评价要求见"实训学习效果考核标准"(表 10-2)。教师根据每位同学的实训情况,填写"学生学习效果考核评价表"(表 10-3),完成考核评价。

表 10-2 实训学习效果考核标准

评价类别	评价内容	分值	评价标准 A	B	C	D
过程评价	学习态度	5分	5分：学习态度端正，认真听讲和记录，积极思考，操作亲力亲为。	4分：学习态度较端正，听讲较认真，操作亲力亲为。	3分：能聆听教师的教学，有记录，操作基本可以做到亲力亲为。	0分：学习态度不端正，不听讲，不思考，不操作。
	团队合作	5分	5分：积极融入团队，与其他成员密切合作，互相帮助。	4分：整个团队分工较明确，基本可以做到权责清晰，分工合作。	3分：团队能按时完成工作任务，有分工，有合作。	0分：一盘散沙，团队涣散，没有明确分工。
	操作规范程度	15分	15分：操作和动作规范有序。	12分：操作和动作较规范，有个别不规范之处。	9分：操作能顺利完成，但部分操作有错误。	0分：不会操作，或乱操作。
	操作熟练程度	15分	15分：整个操作过程中，各步骤的操作非常熟练，动作流畅。	12分：操作步骤熟练，动作较为流畅，不拖泥带水。	9分：操作可以顺利完成，但部分操作和动作不熟练。	0分：不会操作，或乱操作。
	场地清洁	10分	10分：随时保持操作区域的整洁，整个操作区干净卫生无杂物，工具摆放有序。	8分：操作区域较为整洁，工作结束后进行全面扫除，工具摆放有序。	6分：操作过程中没有卫生工作，但操作结束后进行了全面清洁，场地较整洁。	0分：没有进行场地清洁，或者清洁工作敷衍了事。
结果评价	害虫识别与防治	50分	50分：能够熟练识别14种常见刺吸和地下害虫；能够独立针对14种常见刺吸和地下害虫制定防治方案并实施。	40分：能够熟练识别10种常见刺吸和地下害虫；能够独立针对10种常见刺吸和地下害虫制定防治方案并实施。	30分：能够熟练识别7种常见刺吸和地下害虫；能够独立针对7种常见刺吸和地下害虫制定防治方案并实施。	0分：不能识别害虫，或识别种类太少；不能指定防治方案。
总分		100分				

说明：

1. 考核评价标准由过程评价和结果评价两部分组成。过程评价50分，结果评价50分，总分100分。
2. 考核通过的要求是总分达到70分及以上，并且结果评价达到30分及以上。符合下列两种情况之一者，本次实训为不合格：

(1) 过程评价和结果评价相加的总分未达到70分；

(2) 结果评价分数未达到30分(不管总分是否达到70分)。

表 10-3 学生学习效果考核评价表

班级：

姓名（学号）	过 程 评 价					结果评价	总分（100分）
	学习态度（5分）	团队合作（5分）	操作规范（15分）	操作熟练（15分）	场地清洁（10分）	害虫识别与防治(50分)	

说明：
1. 过程评价以小组为单位进行。每个小组的过程评价分数即为组内各同学的过程评价分数。
2. 结果评价以学生为单位进行。每位同学分别在教师的要求下对病虫害进行识别，完成结果评价。

实训报告

同学们根据实训报告格式和要求，在实训手册上完成实训报告。

考证提示

获得植保工、绿化工、花卉工、种苗工及技师资格证书，需具备以下知识和能力：

（1）知识点：园林植物害虫类群的危害、识别特征、生物学特性。

（2）技能点：能识别当地常见园林植物害虫种类；能根据害虫发生情况，制定害虫综合防治方案并实施。

任务 11

园林植物害虫天敌昆虫调查

实际案例

2015年,有市民对媒体反映,近日在公园里、马路上、白河边甚至是家里经常会发现许多"蜜蜂",这些"蜜蜂"成群飞舞,但并不攻击人,很容易就能抓住。市民赵女士说,这几天发现街上有很多像是蜜蜂一样的飞虫,"说是蜜蜂吧,跟我们平常见到的还不一样,个头很小,跟苍蝇一样大,但是身上的花纹很像蜜蜂"。赵女士说,这些虫子并不怕生,有时候还趴在人的身上,用指头碰它们,它们也不会立即飞走,反应比较迟钝。

记者在白河边绿地上也看到不少这样的飞虫,抓来一只观察,发现这种虫子的腹部虽然是黄黑条,但不像蜜蜂那样丰满,细一点扁一点,尾部也没有针。记者询问一位正在散步的老人,他说,不知道是什么昆虫,今年都说樱桃里的白色虫子是果蝇,这会不会就是果蝇?

这些既像苍蝇又像蜜蜂的飞虫最近频频骚扰人,这究竟是什么生物?记者联系到了园林方面的专家,终于明白了到底是什么虫子。如果你是园林绿化管理处的技术人员,你知道这是什么虫子吗?是害虫还是益虫?如果不知道的话,就请到本任务的教学内容中寻找答案吧。

项目概述

有效的利用害虫天敌资源,可以最大程度的减少农药带来的问题。利用天敌的前提是认识天敌。本实训的主要内容就是园林植物害虫天敌调查。在这里,同学们可以了解常见的害虫天敌有哪些,它们的识别特征是什么。掌握了这些知识,能让我们更有效的保护它们,同时也有助于同学们考取绿化工、植保工等职业资格证书。

工作任务

11.1 目标要求

11.1.1 知识目标

(1) 了解当地常见的害虫天敌昆虫,如蜻蜓、食蚜蝇、七星瓢虫等的种类;
(2) 了解害虫天敌昆虫资源调查的基本方法。

11.1.2 技能目标

(1) 能认识当地常见的害虫天敌昆虫种类;
(2) 能进行天敌昆虫资源的调查工作。

11.2 材料准备

镊子、放大镜、挑针、标本瓶、大烧杯、酒精、捕虫网、吸虫管、毒瓶、调查记录册、笔等。

11.3 方法步骤

11.3.1 相关知识介绍

天敌昆虫是一类寄生或捕食其他昆虫的昆虫。它们长期在农田、林区和牧场中控制着害虫的发展和蔓延。

根据天敌昆虫的取食特点,又分为捕食性天敌昆虫和寄生性天敌昆虫两大类群。捕食性天敌昆虫,如螳螂目的螳螂和鞘翅目的瓢虫科的绝大多数种类;寄生性天敌昆虫,如膜翅目的寄生蜂和双翅目的寄生蝇类。常见的天敌昆虫有蜻蜓、赤眼蜂、平腹小蜂、草蛉、七星瓢虫、丽蚜小蜂、食蚜瘿蚊、小花蝽、智利小植绥螨、西方盲走螨、侧沟茧蜂等。

11.3.2 操作流程

操作流程如表 11-1 所示。

11.3.2.1 选定调查场所和时间

1. 操作规程

(1) 根据天敌昆虫的生活习性选定上海城建(园林)学校实训基地的某块区域或某公园、苗圃,划定工作范围。

表 11-1　操作流程一览表

工作环节	操 作 要 点	操 作 要 求
选定调查场所和时间	根据天敌昆虫的生活习性选定学校实训基地的某块区域或某公园、苗圃,划定工作范围,同时确定调查时间。	1. 地点选择要有代表性,要充分考虑天敌昆虫的生活习性。 2. 谨慎操作,注意安全。
搜索和采集天敌昆虫	采用"任务 2　园林植物病虫害标本的采集和识别"中相似的昆虫采集方法搜索和采集天敌昆虫。同时要注意天敌昆虫和害虫的生活习性不同,所采用的具体方法也有所不同。	昆虫采集时,既要掌握常规的昆虫采集方法,又要灵活的根据蓟马、寄生蜂、食蚜蝇等天敌昆虫的生活习性,有针对性地采用采摘叶片、采集寄主害虫等方法。
饲养寄生性天敌寄主昆虫	寄生性天敌与捕食性天敌不同,多数情况下在田间采集到的是寄主昆虫,而非天敌个体本身,在寄主昆虫体内常常是天敌的幼体期。因此,采集到的寄主昆虫即使已确认被寄生,也不要将尚未脱出或刚刚脱出的幼虫制成标本,而要通过饲养观察得到成虫后再行鉴定。	1. 如果采集的昆虫中没有寄生性天敌的寄主昆虫,则这一步可以略过。 2. 饲养过程中要细致认真,注意安全。
制作和鉴定天敌昆虫标本	天敌昆虫标本的制作方法与普通昆虫标本制作方法完全相同。	注意标本的典型性和完整性;谨慎操作,注意安全。
天敌昆虫资源调查	鉴定和确认出当地常见天敌昆虫的种类之后,可以对当地天敌昆虫的多少和分布情况进行田间调查。	1. 要严格按照田间调查的取样方法,采用五点取样或者其他合适的方法选取调查样本。 2. 围绕树木或花草调查昆虫数量时,要认真细致,不能出现遗漏。

一般天敌常出现在农药施用量较少的农田或阳光充足、植被丰富、空气湿度较大、蜜源植物较多的野外。瓢虫类、草蛉类等捕食性天敌,其成幼虫皆可取食多种蚜虫,螳螂、蜻蜓等天敌在农田和野外的食料丰富,种群数量多,使用捕虫网进行搜索和捕捉,十分容易。

食蚜蝇和寄蝇的成虫与幼虫的食性和活动场所有很大不同。成虫需要补充营养才能达到性成熟,蜜源植物丰富以及有蚜虫和蚧壳虫分泌物的场所,可发现大量的蝇类天敌的成虫。但步甲类天敌的捕食对象多在土壤中生活,非耕地和荒地的地下害虫种群密度较大,选择在这类场所挖土捉虫,成功的概率高。

(2) 根据大多数捕食性天敌昆虫在白天活动的特点,确定采集时间为每天上午 7:00~10:00。

2. 操作要求

(1) 地点选择要有代表性,要充分考虑天敌昆虫的生活习性。

(2) 谨慎操作,注意安全。

11.3.2.2 搜索和采集天敌昆虫

1. 操作规程

采用"任务 2 园林植物病虫害标本的采集和识别"中相似的昆虫采集方法搜索和采集天敌昆虫。同时要注意天敌昆虫和害虫的生活习性不同,所采用的具体方法也有所不同。

各种天敌昆虫的形态和生活习性各有特色,在搜索和采集时注意到这些细节,有助于天敌昆虫的搜索和采集。对于体型较小的捕食螨类、蓟马等可使用10～20倍的放大镜在被害叶片上寻找。也可将被害叶片摘下,放入纸袋中,带回室内,在双目解剖镜下检查挑取。

在识别食蚜蝇时,要注意到食蚜蝇成虫的拟态,其形态与蜜蜂极为相似,但其飞行活动时,声音柔和,与蜂类较清脆的音色不同,稍加注意,即可区别。

寄生蜂类天敌成虫因其个体十分细小,田间不容易发现,可先搜索其寄主,带回室内进行饲养后得到成虫,再鉴定其种类。如松毛虫赤眼蜂寄生在多种害虫卵内,被寄生的卵漆黑一片,而未被寄生的卵则呈白色或有黑点,肉眼即可区别;被寄生蜂寄生的蚜虫通常称"僵蚜",体淡褐色或黑色,若寄生蜂成虫已羽化,则其尾部背面有一圆孔,在蚜虫种群数量较大的植株中下部进行搜索,很容易发现。

对于一些寄生在鳞翅目幼虫体内的寄生蜂和寄蝇,一般寄主害虫在群居状态下的被寄生率非常低,而那些离开群体营散居生活的个体的被寄生率较高。在采集这些寄主害虫时,还要注意观察,尽量采集那些有可能已被寄生的个体带回饲养。大多数被寄生的幼虫不爱活动,或呈麻痹状态;有些寄主害虫的体壁有寄蝇的卵附着;或寄主害虫体壁上有黑点,气门附近有黑斑,这些特征都可表明害虫被寄生。

在采集寄主害虫时,还应采集那些老熟或接近老熟的个体进行饲养。一方面是大量饲养低龄寄主害虫,需要经常采换食料,工作量较大,如果食料来源稀少,寄主害虫不易饲养成功;另一方面原因是老熟个体在自然界生活的时间长,被寄生的可能性也较大。

2. 操作要求

天敌昆虫采集时,既要掌握常规的昆虫采集方法,又要灵活地根据蓟马、寄生蜂、食蚜蝇等天敌昆虫的生活习性,有针对性地采用采摘叶片、采集寄主害虫等方法。

11.3.2.3 饲养寄生性天敌寄主昆虫

1. 操作规程

寄生性天敌与捕食性天敌不同,多数情况下在田间采集到的是寄主昆虫,而非天敌个体本身,在寄主昆虫体内常常是天敌的幼体期。因此,采集到的寄主昆虫即使已确认被寄生,也不要将尚未脱出或刚刚脱出的幼虫制成标本,而要通过饲养观察得到成虫后再行鉴定。

(1) 卵及蚜虫寄生性天敌的饲养观察。

将怀疑被寄生的虫卵或蚜虫置于指形管(5 cm×1 cm)内,为防止空气干燥,指形管底部放一小块湿润滤纸,管口用脱脂棉塞紧。一般一粒(块)卵或一头蚜虫体内常羽化出多头寄生蜂,因此一个指形管内通常只放一粒(块)卵或蚜虫,以便于统计寄生率。寄生蜂羽化后先统计羽化情况,后将成虫搜集并制成标本即可。

(2) 幼虫及蛹寄生性天敌的饲养观察。

将已经老熟停止取食的寄主幼虫或蛹按植物类别或地块统计后移入装有湿土的培养缸中,培养缸中土壤深度约 10~15 cm。一般用手可攥成团,轻压即散开表明土壤湿度合适。在培养过程中,每天加水数滴保持土壤湿润。在培养缸中杂乱交错放置一些长短不同的枝条,这样寄生性天敌的幼虫脱出后,或在寄主体壁上结茧化蛹,或在枝条中化蛹羽化,或入土化蛹;但注意在一个培养缸中寄主昆虫的数量不可太多,以免同时羽化的个体相互惊扰,使羽化过程无法正常完成。

每天晚上清理一次,按种类记载化蛹、羽化情况、雌雄数量和日期等,并将不同类别的虫蛹、茧移出,分别饲养。将成虫及时制作成标本。

2. 操作要求

(1) 如果采集的昆虫中没有寄生性天敌的寄主昆虫,则这一步可以略过。

(2) 饲养过程中要细致认真,注意安全。

11.3.2.4 制作和鉴定天敌昆虫标本

1. 操作规程

天敌昆虫标本的制作方法与普通昆虫标本制作方法完全相同,只是寄生性天敌昆虫不制作幼虫浸渍标本,仅制作成虫标本;成虫羽化后需经 4 h 以上,待其前后翅充分展开、体壁完全硬化后方可制作标本;使用毒瓶将成虫杀死后制作针插标本,切忌用敌敌畏、氯仿等有机溶剂,以免虫体脂肪被溶解,也不要用 70%酒精浸泡虫体,否则标本变黑导致无法鉴定。

2. 操作要求

注意标本的典型性和完整性;谨慎操作,注意安全。

11.3.2.5 天敌昆虫资源调查

1. 操作规程

鉴定和确认出当地常见天敌昆虫的种类之后,可以对当地天敌昆虫的多少和分布情况进行田间调查。

(1) 天敌资源的调查可按植物种类进行。在田间害虫发生的各个世代和植物的不同生育期,选择不同用药、种植方式、品种茬次的代表性地块,采用五点取样,定点定株的方法进行调查。乔木每点选 1 株,草本花卉苗期 25 株、成年期 10 株,逐叶、逐枝、逐果、逐株进行检查。一般首先检查活动能力较强的成虫,然后再检查其他虫态。小型捕食性天敌可按每百叶数量统计,大型捕食性天敌可按 hm^2 或 667 m^2 进行数量统计;寄生性天敌则统计寄生率。调查统计表如表 11-2 所示。

表 11-2 天敌昆虫调查统计表

捕食性天敌				寄生性天敌				其他		
天敌名称	捕食对象	捕食数量	发生数量	天敌名称	寄主种类	寄主虫态	寄生率(%)			

(2) 寄生性天敌个体小,多数生活场所隐蔽,必须采用室外采集和室内饲养观察相结合的方法才能进行准确调查。在室外采集时注意不要将已经结茧化蛹的寄生性天敌遗漏。

2. 操作要求

(1) 要严格按照田间调查的取样方法,采用五点取样或者其他合适的方法选取调查样本。

(2) 围绕树木或花草调查昆虫数量时,要认真细致,不能出现遗漏。

11.3.3 教师示范

根据本实训操作的特点,教师选取操作过程中的一个关键步骤,即搜索天敌昆虫,面向学生进行操作演示和示范教学。

教师示范过程中,同学要认真观察和记录,记住其操作要点,为接下来实际操作打下基础。记录过程时,要充分利用手机等多媒体工具,通过笔记、照片和录像相结合的方式强化学习效果。

11.3.4 实际操作

(1) 学生分成小组,原则上 5 人一组,经过组内人员分工和任务分解,为每一个同学布置任务，根据上述方法步骤进行天敌昆虫的调查；

（2）整理数据和资料，完成实训报告。

11.4 安全风险

本实训操作的安全风险等级：低。

本实训操作的安全风险问题主要有以下几个方面：

11.4.1 生态风险

采集到的寄主昆虫处理不当可能造成虫害的人为传播。

11.4.2 操作安全

实训操作不当可能会造成一系列安全风险：标本采集过程中，可能被树木划伤身体；可能引起毒瓶药物中毒。

11.5 考核评价

本实训的考核评价标准分为过程评价和结果评价两部分。参加实训的每位同学达到合格标准的基本要求是学习态度端正、实训操作熟练规范、能够认识和识别不少于 10 种常见的蜻蜓、食蚜蝇、步甲、七星瓢虫、草蛉、蓟马、花蝽以及部分寄生蜂和寄生蝇等天敌昆虫。具体考核评价要求见"实训学习效果考核标准"（表 11-3）。教师根据每位同学的实训情况，填写"学生学习效果考核评价表"（表 11-4），完成考核评价。

表 11-3 实训学习效果考核标准

评价类别	评价内容	分值	评价标准			
			A	B	C	D
过程评价	学习态度	5分	5分：学习态度端正，认真听讲和记录，积极思考，操作亲力亲为。	4分：学习态度较端正，听讲较认真，操作亲力亲为。	3分：能聆听教师的教学，有记录，操作基本可以做到亲力亲为。	0分：学习态度不端正，不听讲，不思考，不操作。
	团队合作	5分	5分：积极融入团队，与其他成员密切合作，互相帮助。	4分：整个团队分工较明确，基本可以做到权责清晰，分工合作。	3分：团队能按时完成工作任务，有分工，有合作。	0分：一盘散沙，团队涣散，没有明确分工。

(续表)

评价类别	评价内容	分值	评 价 标 准			
			A	B	C	D
过程评价	操作规范程度	15分	15分：操作和动作规范有序。	12分：操作和动作较规范,有个别不规范之处。	9分：操作能顺利完成,但部分操作有错误。	0分：不会操作,或乱操作。
	操作熟练程度	15分	15分：整个操作过程中,各步骤的操作非常熟练,动作流畅。	12分：操作步骤熟练,动作较为流畅,不拖泥带水。	9分：操作可以顺利完成,但部分操作和动作不熟练。	0分：不会操作,或乱操作。
	场地清洁	10分	10分：随时保持操作区域的整洁,整个操作区干净卫生、无杂物,工具摆放有序。	8分：操作区域较为整洁,工作结束后进行全面扫除,工具摆放有序。	6分：操作过程中没有卫生工作,但操作结束后进行了全面清洁,场地较整洁。	0分：没有进行场地清洁,或者清洁工作敷衍了事。
	实训作品情况	10分	10分：天敌昆虫标本丰富,分类准确,摆放规范；昆虫资源调查数据详实,分析具体。	8分：天敌昆虫标本较多,分类较准确,摆放较规范；昆虫资源调查数据较详实,分析较具体。	6分：制作了天敌昆虫标本并摆放；完成昆虫资源调查,有数据及分析。	0分：未完成标本采集；未完成资源调查。
结果评价	天敌昆虫识别情况	40分	40分：能准确识别10种及以上常见天敌昆虫。	32分：能准确识别7种及以上常见天敌昆虫。	24分：能准确识别5种及以上常见天敌昆虫。	0分：基本不认识天敌昆虫。
总分		100分				

说明：

1. 考核评价标准由过程评价和结果评价两部分组成。过程评价60分,结果评价40分,总分100分。

2. 考核通过的要求是总分达到70分及以上,并且结果评价达到24分及以上。符合下列两种情况之一者,本次实训为不合格：

(1) 过程评价和结果评价相加的总分未达到70分；

(2) 结果评价分数未达到24分(不管总分是否达到70分)。

表 11－4 学生学习效果考核评价表

班级：

姓名（学号）	过程评价						结果评价	总分（100分）
	学习态度（5分）	团队合作（5分）	操作规范（15分）	操作熟练（15分）	场地清洁（10分）	实训作品（10分）	天敌昆虫识别（40分）	

说明：

1. 过程评价以小组为单位进行。每个小组的过程评价分数即为组内各同学的过程评价分数。
2. 结果评价以学生为单位进行。每位同学分别在教师的要求下对天敌昆虫进行识别，完成结果评价。

实训报告

同学们根据实训报告格式和要求，在实训手册上完成实训报告。

考证提示

获得植保工及技师资格证书，需具备以下知识和能力：

(1) 知识点：了解天敌昆虫的类型和常见种类。

(2) 技能点：能识别当地常见天敌昆虫的种类。

附 录 1
常见病害、害虫和杂草识别特征及防治简述

F1.1 常见病害

1. 榉树叶斑病

【危害症状】

真菌性病害,初期叶片出现红褐色小斑,周围有紫红色晕圈,潮湿时病斑可见黑色霉状物。病害严重时,数个病斑相连,最后叶片焦枯脱落(图 F1-1)。

【发病条件及规律】

一般 8 月至 9 月危害最重,大树受害重于小苗。

【防治方法】

病害发生期用可杀得可湿性粉剂 1 000 倍液或 50% 多菌灵 1 000 倍液、大生 1 000 倍液喷雾防治。

2. 大叶黄杨叶斑病

【危害症状】

病害发生在新叶上,产生黄色小斑点后扩展成不规则的大斑,病斑边缘隆起,褐色边缘较宽。隆起的边缘外有延伸的黄色晕圈,中心黄褐色或灰褐色,上面密布黑色小点(图 F1-2 和图 F1-3)。

【发病条件及规律】

多雨、潮湿、春季遭受冻害或植株过密、通风不良时,往往发病严重,造成落叶。

【防治方法】

(1) 选取健壮无病苗木栽植,避免和减少病原的

图 F1-1 榉树叶斑病叶面症状

图 F1-2 大叶黄杨叶斑病叶面症状

带入,减少发病的原因。在不可避免的情况下,栽植前用药防治。

(2) 于 6 月上旬至 7 月病变高发期,喷施 50% 多菌灵 500 倍液或 75% 的百菌清 500 倍液、50% 退菌特可湿性粉剂 800～1 000 倍液进行预防,降低发病率,每 10～16 天喷一次,连喷 3 次。

(3) 冬季将落叶清除集中烧毁,减少病源,减少发病概率。

图 F1-3 大叶黄杨叶斑病局部症状

3. 月季黑斑病

【危害症状】

月季叶片、嫩枝和花梗均可受害。病斑初为紫褐至褐色小点,后扩展并变为黑色或深褐色,常有黄色晕圈包围,严重时整株下、中部叶片全部脱落,个别枝条枯死(图 F1-4 和图 F1-5)。

【发病条件及规律】

整个生长季节均可发病,夏末以后最重。炎热高温及干旱季节病害扩展缓慢。

图 F1-4 月季黑斑病叶面症状(一)

【防治方法】

(1) 随时清除病叶,冬季对重病株进行重度修剪。

(2) 保持通风良好,生长季要经常修剪,避免叶面积水。

(3) 在夏季高温高湿季节应定期喷雾如国光多菌灵、国光百菌清、国光银泰可湿性粉剂 600～800 倍液进行预防,发病初期及时用治疗性杀菌剂如国光英纳可湿性粉剂 400～600 倍液、国光必鲜乳油 500～600 倍液、国光黑杀可湿性粉剂 3 000～4 000 倍叶面喷雾进行防治,建议连用 1～2 次,间隔 7～10 天。

图 F1-5 月季黑斑病叶面症状(二)

4. 桃叶穿孔病

【危害症状】

在叶片上出现水渍状小点,逐渐扩大成紫褐色至黑褐色病斑,周围呈水渍状黄绿晕环,随后病斑干枯脱落形成穿孔(图F1-6)。

【发病条件及规律】

一般于5月出现,7~8月发病严重。地势低洼、排水不良、通风透光差、偏施氮肥等发病重。

【防治方法】

(1) 加强树体管理,增施有机肥,不要偏施氮肥,合理修剪造型,注意通风透光。

(2) 结合冬季修剪,剪除病枝、枯枝,彻底清除落叶,集中深埋。

(3) 喷药保护。病重棚室,发芽前喷5度Be石硫合剂或45%晶体石硫合剂30倍液、1∶1∶200波尔多液、30%绿得保胶悬剂450倍液等。发芽后选喷:硫酸锌石灰液(硫酸锌1∶消石灰4∶水240)、72%农用链霉素可溶性粉剂3 000倍液、硫酸链霉素4 000倍液,还可喷洒机油乳剂10∶代森锰锌1∶水500的混合液,兼治蚜虫、介壳虫、叶螨等。每15天喷1次,喷2~3次。

(4) 少量植株发病,可随时摘除。

图F1-6 桃叶穿孔病叶面症状

5. 水杉赤枯病

【危害症状】

从下部枝叶开始发病,逐渐向上发展蔓延。感病枝叶,初生褐色小斑点,后变深褐色,小枝和枯枝变褐枯死。在潮湿条件下,病斑产生黑色小点(图F1-7)。

【发病条件及规律】

高温多雨有利于病害大发生,梅雨季节常形成发病高峰,秋季9月形成第2次高峰。此病主要危害1~4生的幼树。

【防治方法】

(1) 保持适当的种植密度,注意通风透光。增施磷钾肥,少施氮肥,增强树势,提高抗病能力。

图F1-7 水杉赤枯病叶面症状

（2）发病期间用 0.5% 的波尔多液、401 抗菌剂 800 倍液、25% 的多菌灵 200 倍液等，每 2 周喷 1 次。

6. 玉米纹枯病

【危害症状】

主要为害叶鞘，也可为害茎秆，严重时引起果穗受害。发病初期多在基部 1~2 茎节叶鞘上产生暗绿色水渍状病斑，后扩展融合成不规则形或云纹状大病斑。病斑中部灰褐色，边缘深褐色，由下向上蔓延扩展。多雨、高湿持续时间长时，病部长出稠密的白色菌丝体，菌丝进一步聚集成多个菌丝团，形成小菌核（图 F1-8）。

图 F1-8 玉米纹枯病叶鞘症状

【发病条件及规律】

播种过密、施氮过多、湿度大、连阴雨多易发病。主要发病期在玉米性器官形成至灌浆充实期。苗期和生长后期发病较轻。

【防治方法】

（1）加强种子处理，以种子量 0.02% 的浸种灵或种子量 2% 的灵福合剂拌种防效最好；

（2）农业防治，进行人工壅土防倒抑制菌丝生长，摘除基部病老叶，切断蔓延途径，疏通田间沟系，降低湿度，能起到很好的防效；

（3）药剂防治，当田间病株率 3%~5% 时，每公顷用 5% 井岗霉素 2 250 mL 进行对水喷雾。

7. 草坪草叶枯病

【危害症状】

叶片和叶鞘上初现水浸状椭圆形小病斑，继而病斑变褐色，周边叶组织变黄色，病斑逐步增大，大量死叶死蘖，使草坪稀薄，草地上形成不规则形的枯草斑（图 F1-9 和图 F1-10）。

【发病条件及规律】

病原菌可在土壤中长期生存，也可在病株残体上

图 F1-9 草坪草叶枯病局部症状（一）

越冬,主要借雨水、灌溉水及肥料等传播。多在春季发作,植株的幼嫩组织受害严重。

【防治方法】

(1) 减少侵染来源:在草坪中发现病株,应立即彻底剪除病叶并销毁。

(2) 加强栽培管理:植草前,地面应耙平整;消除坑洼,以免积水而诱发病害。施用堆肥、垃圾肥等均应充分腐熟,以免带菌病残体传播病害。

(3) 药剂防治:发病初期,喷施50%退菌特可湿性粉剂500倍液,或75%百菌清可湿性粉剂600~800倍液,并适当向地面喷洒,从而兼顾对土壤的消毒,可收到较好的防治效果。

图 F1-10　草坪草叶枯病叶面症状(二)

8. 山茶炭疽病

【危害症状】

发病初期,在叶缘或叶尖部着生褐色斑,扩展后呈半圆形或不规则形病斑,褐色;发病后期病斑中央为灰白色或浅褐色,斑缘褐色,其上散生黑色小点粒,近斑缘有轮状皱缩线纹(图F1-11和图F1-12)。

【发病条件及规律】

5~11月份均可发病,6~9月份为发病高峰期。高温、高湿、多雨有利于炭疽菌的发生。

【防治方法】

(1) 栽培技术防病:科学的肥水管理;倒盆时土内施入有机肥,适量增施磷钾肥,不偏施氮肥;上午浇水,一次浇透,盆土不干不湿;栽培基质应疏松、肥沃,易排水、微酸性;冬天接受全日照,夏季放入阴棚内,避免日灼。

(2) 化学防治:可定期喷施国光银泰(80%代森锌可湿性粉剂)600~800倍液+国光思它灵(氨基酸螯合多种微量元素的叶面肥),用于防病前的预防和补充营养,提高观赏性;发病初期,病初期喷洒25%咪鲜胺乳油(如国光必鲜)500~600倍液,或50%多锰

图 F1-11　山茶炭疽病叶面症状(一)

图 F1-12　山茶炭疽病叶面症状(二)

锌可湿性粉剂（如国光英纳）400～600倍液。连用2～3次，间隔7～10天。

9. 香樟黄化病

【危害症状】

发病初期，枝梢新叶的脉间失绿黄化，但叶脉尤其主脉仍然保持绿化，黄绿相间现象十分明显。随着黄化程度的加重，叶片由绿变黄、变薄，叶面有乳白色斑点，叶脉也失去绿意，呈极淡的绿色。相继全叶发白，叶片局部坏死，叶缘焦枯，叶片凋落；严重时，则枝梢枯顶，以至整株死亡。黄化病开始多发生在樟树顶端，新叶比老叶严重，冬、春季比夏季严重（图F1-13和图F1-14）。

图 F1-13　香樟黄化病叶面症状（一）

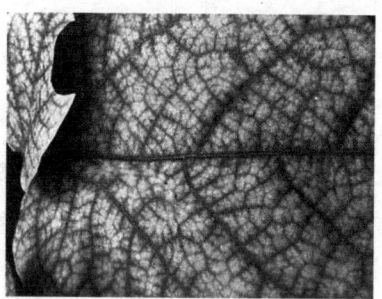

图 F1-14　香樟黄化病叶面症状（二）

【发病条件及规律】

黄化病是樟树缺铁的一个表现。同时，土壤中缺乏营养元素，根系发育不良或化肥、农药施用不当，也能影响樟树对铁元素的吸收，加速黄化病的发生。

【防治方法】

（1）发生此病时，应改变樟树周围土壤的酸碱度，提高叶片铁的含量。在林地增添含铁丰富的红壤，施酸性化肥，如在土壤中施些硫磺粉，在根系周围打孔灌注1∶30的硫酸亚铁液，树干注射硫酸亚铁15 g、尿素50 g、硫酸镁5 g、水1 000 mL的混合液，叶面喷0.1%～0.2%硫酸亚铁溶液，或500～1 000 m的尿素铁或黄腐酸铁、柠檬酸铁等，均有良好的复绿效果。

（2）要根治香樟黄化病，可因地制宜施用酸性客土及有机肥等，改良其立地条件。

10. 栀子花黄化病

【危害症状】

叶片褪绿，首先发生在枝端嫩叶上，从叶缘开始褪绿，向叶中心发展，叶色由绿变黄，逐渐加重，叶肉变成黄色或浅黄色,但叶脉仍呈绿色;以后全叶变黄,进而变黄白色、白色,叶片边缘出现灰褐色至褐色,坏死干枯;全株以顶部叶片受害最重,下部叶片正常或接近正常,病害严重的地块,植株逐年衰弱,最后死亡(图 F1-15 和图 F1-16)。

【发病条件及规律】

本病由栽培条件不适,如土壤过黏、石灰质过多、碱性重、低洼潮湿、铁素供应不足等引起。石灰质土壤地区易发生。

【防治方法】

(1) 园艺防治:要用排水良好、松软、肥沃的酸性土壤栽培,盆栽时可用山泥等酸性土壤,每 1～2 年更换盆土 1 次;使用有机肥料,在有机肥料沤制时混入硫酸亚铁和硫酸锌。

(2) 药剂防治:病害初期,病株灌浇 2%～3%硫酸亚铁,或用 0.1%～0.2%硫酸亚铁喷施叶片,或土壤中使用铁的整合物,22 cm(6 寸)花盆 0.2 g。用药剂治疗黄化病,应在病害发生初期进行,否则效果较差。

图 F1-15　栀子花黄化病叶面症状(一)

图 F1-16　栀子花黄化病叶面症状(二)

11. 松材线虫萎蔫病

【危害症状】

被侵染的松树针叶失绿,并逐渐黄萎枯死变成红褐色,最终全株迅速枯萎死亡,但针叶可长时间内不脱落,有时直至第二年夏季才脱落(图 F1-17 和图 F1-18)。

【发病条件及规律】

此病主要发生在黑松、赤松、马尾松上。从针叶开始变色至全株死亡,平均只有 30 天左右。病原线虫近距离由天牛携带传播,远距离则随调运带有松材线虫的苗木、枝丫、木材及松木制品等传播。

【防治方法】

(1) 严格检疫制度,禁止疫区的苗木、木材、木制

图 F1-17　松材线虫萎蔫病树干症状(一)

品、枝丫、锯片等运往非病区。

(2) 清除病害的枯木或濒于枯死的树木,集中成堆,用塑料布密封,以溴甲烷熏蒸 5~10 小时,药量为 69~83 g/m³,可杀灭天牛成虫及幼虫。树丫集成小堆烧毁。

(3) 预防性措施。改善林分卫生状况,清除衰弱木、被压木、枯死木,以减少招引天牛的机会。加强松林抚育,增强树势,保持林木旺盛生长。

图 F1-18　松材线虫萎蔫病群体症状(二)

12. 大叶黄杨白粉病

【危害症状】

主要危害幼嫩新梢和叶片,多发生于叶背。发病时,先在嫩叶表面产生白粉小圆斑,后逐渐扩大,病斑逐渐扩展成圆形白粉层,老病斑上的白粉层变灰白色。严重时,整个叶片布满白粉,叶片皱缩,出现褪色斑块,甚至病叶纵卷,新梢扭曲、萎缩(图 F1-19)。

【发病条件及规律】

从春季至秋季均可发病,一般峰值出现于 4~5 月。在发病期间雨水多则发病严重;徒长枝叶发病重;栽植过密,行道树下遮荫的绿篱,光照不足,通风不良、低洼潮湿等因素都可加重病害的发生,绿篱较绿球病重。

图 F1-19　大叶黄杨白粉病叶面症状

【防治方法】

(1) 清除病叶、病残体集中烧毁。

(2) 扦插繁殖时,插穗密度不要过大。

(3) 发病时可喷施 800~1 500 倍液粉锈宁,或 50%代森锌 800~1 000 倍液,或 70%的甲基托布津 700~800 倍液,或 50%的多菌灵 500~800 倍液,都有较好的防治效果。

13. 十大功劳白粉病

【危害症状】

明显的特征是整个叶面出现白色粉状物。生长季节感病部位出现白色的小粉斑,逐渐扩大为圆形或不规则的白粉斑,严重时白粉斑相互连接成片(图F1-20)。

【发病条件及规律】

春季以 5~6 月份,秋季以 9~10 月份发生较多。夜间温度较低(15℃~6℃)相对湿度较高有利于孢子萌发及侵入,白天气温高(23℃~27℃),湿度较低(40%~70%)则有利于孢子的形成及释放。

【防治方法】

(1) 改善种植条件,要通风透光,降低湿度,避免施过多的氮肥,适当多施磷肥。

(2) 结合修剪去除病枝、病芽和病叶,减少侵染源。

(3) 发病初喷洒 15% 的三唑酮(粉诱片)可湿性粉剂 1 000 倍液或 70% 甲基托布津可湿性粉剂 1 000 倍液,每隔 7~10 天喷一次连续喷三次均有良好地防治效果。也可喷施 1 kg/L 的石硫合剂。

图 F1-20 十大功劳白粉病叶面症状

14. 悬铃木白粉病

【危害症状】

受害新梢部位表层覆盖一层白粉,染病新梢节间短,后期病梢上的叶片大多干枯脱落;叶片受害,背面产生白粉状斑块,正面叶色发黄、深浅不均,发病严重的叶片正反两面均布满白色粉层,皱缩卷曲,以致叶片枯黄,提前脱落(图 F1-21)。

【发病条件及规律】

每年在 4~5 月份和 8~9 月份出现两次发病盛期。春季温暖干旱、夏季凉爽、秋季晴朗均是促进病害流行扩展的主要原因。

图 F1-21 悬铃木白粉病叶面症状

【防治方法】

(1) 清除病原:冬季清园,剪除病枝、病叶和病芽。连续几年重剪后,可以获得很好的防病效果。

(2) 加强管理:合理密植,疏剪过密枝条,通风透光。增强树势,增施有机肥和磷钾肥,避免偏施氮肥。

(3)生长期喷药防治:防治重点在春季。开春新叶萌发后,在完成冬季休眠期修剪后普遍喷一次石硫合剂波美5度浓液;发病后可用25%粉锈宁可湿性粉剂1 000~1 500倍液、70%甲基托布津可湿性粉剂800~1 200倍液喷雾,每隔10~15天一次,连续喷2~3次。

15. 桧柏-梨锈病

【危害症状】

叶片受害,叶正面形成橙黄色圆形病斑,并密生橙黄色针头大的小点,即性孢子器。潮湿时,溢出淡黄色黏液,即性孢子,后期小粒点变为黑色。病斑对应的叶背面组织增厚,并长出一丛灰黄色毛状物,即锈子器。毛状物破裂后散出黄褐色粉末,即锈孢子。果实、果梗、新梢、叶柄受害,初期病斑与叶片上的相似(图F1-22至图F1-24)。

转主寄主桧柏染病后,次年3月间,在针叶、叶腋或小枝上可见红褐色、圆锥形的角状物(冬孢子角)。春雨后,冬孢子角吸水膨胀为橙黄色舌状胶质块。

【发病条件及规律】

3月份在桧柏上形成冬孢子角,产生担孢子,侵染梨树。梨树自展叶开始到展叶后20天内最易感病,展叶25天以上,叶片一般不再感染。

【防治方法】

(1)清除转主寄主:清除梨园周围5 km以内的桧柏、龙柏等转主寄主。

(2)铲除越冬病菌:在3月上中旬(梨树发芽前)对桧柏等转主寄主先剪除病瘿,然后喷布4~5波美度石硫合剂。

(3)梨树喷药防治:在早春梨树展叶后,如有降雨,并发现桧柏树上产生冬孢子角时,喷1次20%粉锈宁乳油1 500~2 000倍液,隔10~15天再喷1次,

图F1-22　桧柏-梨锈病叶面症状

图F1-23　桧柏-梨锈病羊胡子症状

图F1-24　桧柏-梨锈病冬孢子角

可基本控制锈病的发生。发病后叶片正面出现病斑(性孢子器)时,喷 20%粉锈宁乳油 1 000 倍液。

16. 草坪锈病

【危害症状】

可以侵染多种冷季型草坪,其中尤以草地早熟禾、黑麦草受害严重。发病初期,叶片上有浅黄色斑点,后期叶背面生有黑色的孢子堆,最后叶片变成黄到棕色,草坪变稀疏(图 F1-25)。

【发病条件及规律】

主要发生在低温高湿的秋季。如果再遇到大量降雨,病害就迅速扩展蔓延。另外,排水不良、夏季过多施氮肥也会加重病害的发生。

图 F1-25 草坪锈病叶面症状

【防治方法】

(1) 清除草坪周围的转主寄生植物,如鼠李、沟儿茶、小檗、黄芦木等。

(2) 经常修剪草坪,生长高度不能超过 12 cm。

(3) 发病初期喷洒 20%粉锈宁乳油 1 200 倍液。

17. 煤污病

【危害症状】

在叶面、枝梢上形成黑色小霉斑,后扩大连片,使整个叶面、嫩梢上布满黑霉层(图 F1-26)。

【发病条件及规律】

高温多湿、通风不良、蚜虫、蚧壳虫等分泌蜜露害虫发生多,均加重发病。

图 F1-26 煤污病叶面症状

【防治方法】

(1) 植株种植不要过密,适当修剪,温室要通风透光良好,以降低湿度,切忌环境湿闷。

(2) 植物休眠期喷波美 3～5 度的石硫合剂,消灭越冬病源。

(3) 喷药防治蚜虫、蚧壳虫等是减少发病的主要措施。适期喷用 40%氧化乐果 1 000 倍液或 80%敌敌畏1 500倍液。防治介壳虫还可用10～20倍松脂合剂、石油乳剂等。

（4）对于寄生菌引起的煤污病，可喷用代森铵500～800倍，灭菌丹400倍液。

18. 根癌病

【危害症状】

主要发生在根颈处，也可发生在根部及地上部。病初期出现近圆形的小瘤状物，以后逐渐增大、变硬，表面粗糙、龟裂、颜色由浅变为深。由于根系受到破坏，故造成病株生长缓慢，重者全株死亡（图F1-27）。

【发病条件及规律】

病原细菌随病组织残体在土壤中可存活1年以上。病菌借水流、地下害虫、嫁接工具、作业农具等传播，带病种苗和种条调运可远距离传播。偏碱、湿度大的砂壤中发病率高，连作利于发病，根部伤口多则发病重。

图F1-27 根癌病根部症状

【防治方法】

（1）加强检疫，对有病苗木用1%硫酸铜液浸泡5 min，清水冲洗后栽植。

（2）重病区实行2年以上轮作或用氯化苦消毒土壤后栽植。

（3）细心栽培，避免各种伤口。

（4）改劈接为芽接，嫁接用具可用0.5%高锰酸钾消毒。

（5）重病株要刨除，轻病株切除瘤后用500～2 000 ppm链霉素或500～1 000 ppm土霉素或5%硫酸亚铁涂抹伤口。

19. 菊花白绢病

【危害症状】

茎基部和茎秆染病后，可致病部以上枯黄，叶片脱落。茎蔓病部长出白色疏松或线状菌丝体紧贴其上,后期在菌丝体上形成白色至褐色或黑褐色油菜籽状小菌核(图 F1-28)。

【发病条件及规律】

病菌以菌核或菌索随病残体遗落土中越冬。连作或土质黏重及地势低洼或高温多湿的年份或季节易发病,酸性土壤及施用氨态氮肥发病重。

【防治方法】

(1) 重病地避免连作,与非寄主植物实行轮作。

(2) 及时检查,发现病株及时拔除、烧毁,病穴及其邻近植株淋灌 5% 井冈霉素水剂 1 000~1 600 倍液、90% 敌克松可湿性粉剂 500 倍液,每株(穴)淋灌 0.4~0.5 L。隔 10~15 天 1 次。

(3) 用培养好的哈茨木霉 0.4~0.45 kg 加 50 kg 细土,混匀后撒覆在病株基部,能有效地控制该病扩展。施硝态氮肥及增施消石灰 50~100 kg 可减轻发病。

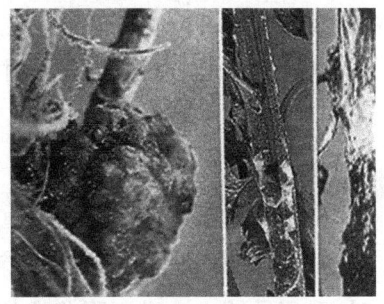

图 F1-28 菊花白绢病根部症状

20. 香樟溃疡病

【危害症状】

感病植株多在皮孔边缘形成分散状、近圆形水泡形溃疡斑,初期较小,其后变大呈现为典型水泡状,泡内充满淡褐色液体,水泡破裂,液体流出后变黑褐色,最后病斑干缩下陷,中央有一纵裂小缝。受害严重的植株,树干上病斑密集,并相互连片,病部皮层变褐腐烂,植株逐渐死亡(图 F1-29)。

【发病条件及规律】

4 月上旬至 5 月期间以及 9 月下旬为病害发生高峰。移栽时根系伤口多、根盘留得太小、根系留得太短、树体伤口多易发病,树势衰弱易发病。受低温冻害的发病重。地势低洼积水、排水不良、土壤潮湿、栽植过深易发病,过分干旱时发病重。害虫危害重的植株发病重。

图 F1-29 香樟溃疡病树干症状

【防治方法】

(1) 涂抹法：发病初期的树体，可用排笔蘸 50% 多菌灵或 70% 甲基托布津或 75% 百菌清可湿性粉剂 50～100 倍液涂抹病部。

(2) 吊针输液法：对于病重的高大植株、古老植株和发病初期的幼树，应当在涂抹或浇灌药液的同时，采用吊针方法进行强化治疗，具体方法为：在树干上离地半米左右(不可过高)成 45°角开个 5 cm 的小洞，洞深 5～8 cm，用 500 mL 的吊针药袋装上 50% 多菌灵可湿性粉剂 500 倍液。

(3) 如病情比较严重要及时清除死亡植株，并用多菌灵或敌百虫 20～30 倍液进行全株涂抹，1 星期内连续用药 3～4 次。

21. 泡桐丛枝病

【危害症状】

腋芽和不定芽大量丛生，节间变短，叶片黄化变小，产生明脉，冬季小枝不脱落呈鸟巢状，严重的病株当年枯死，轻的几年后也会死掉(图 F1-30)。

【发病条件及规律】

主要通过茎、根、病苗、嫁接传播。每年 7～8 月份发病重。

图 F1-30　泡桐丛枝病枝叶症状

【防治方法】

(1) 春季对病枝进行环状剥皮，能防止病原体向其他部位转移、扩散，达到防治效果。

(2) 发病初期喷洒四环素族抗菌素 4 000 倍液。

22. 竹丛枝病

【危害症状】

病枝上叶变小，小枝先端枝条簇生族生，枝上节间很短，分枝增多，丛生成鸟巢状，叶片退化呈鳞片。病株先从少数竹枝发病，数年内逐步发展到全部竹枝(图 F1-31)。

图 F1-31　竹丛枝病枝叶症状

【发病条件及规律】

5月上、中旬至6月上、中旬为侵染盛期,分生孢子有效传播距离短,在管理粗放、生长不良、植株过密竹林内病害容易发生。4年生以上的竹子,或日照强的地方的竹子,均易发病。

【防治方法】

(1) 加强竹林的抚育管理,定期樵园,压土施肥,促进新竹生长。

(2) 及早砍除病株,逐年反复进行,可收到良好的效果。

(3) 建造新竹林时,不能在病区挖取母竹。

(4) 药剂防治:早春采用1~2波美度石硫合剂喷施保护植株。必要时,在5~6月喷施70%甲基托布津1 000倍液,或50%多菌灵500倍液。

23. 猝倒病

【危害症状】

在幼苗期发病,地表或地表下的茎基部呈现水渍状病斑,病部黄褐色,缢缩,可向植株上下部扩展,呈线状。病势发展迅速,组织崩解,幼茎即萎蔫倒伏,但短期内叶边呈绿色,如果环境潮湿时,在病部及其附近土面还会长出白色绵毛状霉(图F1-32)。

图F1-32 猝倒病整株症状

【发病条件及规律】

高湿度是幼苗发病的主要条件。阳光不足,连作,苗圃地选择不当,整地质量差,施用未经高温腐熟的混有病原体的堆肥,播收不当等均会导致发病。

【防治方法】

(1) 土壤消毒。播种三星期前,每平方米苗床土上用360 mL福尔马林溶液加水9~27 kg,均匀喷洒稀释药液后,用塑料薄膜覆盖严密,覆盖一星期后揭膜,并耙松土壤,至少两星期后播种。

(2) 适期播种。在可能条件下,应尽量避开低温时期,同时最好能够使幼苗出芽后一个月避开梅雨季节。

(3) 药剂防治。在发病初期,先拔除病苗集中处理,然后向幼苗基部喷洒 25% 百菌灵 800～1 000 倍液,或者 1∶1∶120～170 波尔多液,也可用草木灰、石灰(8∶2)混匀后撒于幼苗基部。

24. 菟丝子

【危害症状】

种子萌发时幼芽无色,丝状,附着在土粒上,另一端形成丝状的菟丝,在空中旋转,碰到寄主就缠绕其上,在接触处形成吸根,进入寄主组织后,部分细胞组织分化为导管和筛管,与寄主的导管和筛管相连,吸取寄主的养分和水分。此时初生菟丝子死亡,上部茎继续伸长,再次形成吸根,茎不断分枝伸长形成吸根,再向四周不断扩大蔓延,严重时将整株寄主布满菟丝子,使受害植株生长不良,也有寄主因营养不良加上菟丝子缠绕引起全株死亡(图 F1-33)。

图 F1-33 菟丝子形态

【发病条件及规律】

夏秋季是菟丝子生长高峰期。靠鸟类传播种子,或成熟种子脱落土壤,再经人为耕作进一步扩散。

【防治方法】

(1) 园艺防治:受害严重的地块,每年深翻,凡种子埋于 3 cm 以下便不易出土。春末夏初及时检查,发现菟丝子连同杂草及寄主受害部位一起消除并销毁,清除起桥梁作用的萌蘖枝条和野生植物。

(2) 药剂防治:种子萌发高峰期地面喷 1.5% 五氯酚钠和 2% 扑草净液,以后每隔 25 天喷 1 次药,共喷 3～4 次,以杀死菟丝子幼苗。

F1.2 常见杂草

1. 狗牙根

【别名】

绊根草、铁线草、爬根草、感沙草。

【形态特征】

禾本科多年生杂草,具根状茎或匍匐茎,节间长短不等。秆匍匐部分可长达1 m以上,并于节上生根及分枝。叶条形,叶舌短小,具小纤毛。穗状花序3~6枚,呈指状排列于穗顶;小穗成2行排列于穗的一侧,长约2 mm,含1小花;两颖近等长;外稃具3脉。颖果长圆形。以匍匐茎繁殖为主(图F1-34和图F1-35)。

【防治方法】

10%草甘膦水剂900~1 200 mL/亩,兑水30 kg;41%农达水剂200~250 mL/亩,兑水30 kg,喷施。

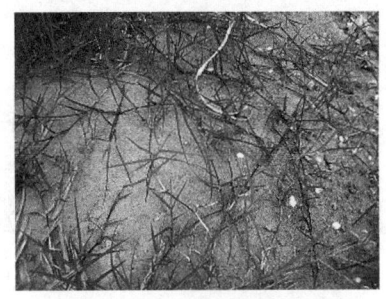

图F1-34 狗牙根形态(一)

图F1-35 狗牙根形态(二)

2. 加拿大一枝黄花

【别名】

黄莺、麒麟草。

【形态特征】

多年生草本植物。植株高1.5~3 m,茎直立、秆粗壮,中下部直径可达2 cm,下部一般无分枝,常成紫红色。叶片披针形或线状披针形,互生,顶渐尖,基部楔形,近无柄。大多呈三出脉,边缘具锯齿。花果期10~11月。蝎尾状圆锥花序,长10~50 cm,具向外伸展的分支(图F1-36和图F1-37)。

【危害情况】

恶性杂草。根状茎发达,繁殖力极强,传播速度快,生长优势明显,生态适应性广阔,与周围植物争阳光、争肥料,直至其他植物死亡,从而对生物多样性构成严重威胁。可谓是黄花过处寸草不生。

【防治方法】

在出苗季节和开花前后,利用药剂对植株进行防治:80%草甘膦可溶性粒剂100 g/亩或30%草甘膦水剂500 mL/亩,兑水60 kg喷雾。

图F1-36 加拿大一枝黄花形态(一)

3. 狗尾草

【别名】

狗尾巴草、绿狗尾草、谷莠子。

【形态特征】

禾本科一年生杂草。秆直立,高 30~80 cm,通常丛生。叶片条状披针形,背面光滑,上面稍粗糙;叶鞘光滑,鞘口有毛;叶舌具长 1~2 mm 的纤毛。圆锥花序紧密呈圆柱形,通常稍微弯垂;小穗椭圆形,顶端钝,长 2~2.5 mm,3~6 个成簇着生,下具 1~6 条刚毛,绿色或变紫色(图 F1-38)。

【防治方法】

在杂草发生盛期,每公顷用 10%草甘膦水剂 15~22.5 kg,兑水 300~450 kg,直接严格定向喷雾杂草茎叶;每公顷 20%百草枯水剂 1 500~3 900 mL,兑水 375 kg 左右,均匀喷雾茎叶。

4. 车前草

【别名】

蛤蟆草、车轮菜、猪耳草、七星草、轱辘草。

【形态特征】

根茎短且肥厚,须根簇生。叶卵形至宽卵形,边缘具不整齐的波状疏钝齿或缘,两面无毛或具短柔毛。花葶直立多条,株高 20~40 cm,生短柔毛;穗状花序细圆柱花小且多,绿白色;苞片宽三角形,较花萼裂片短;花萼有 4 个深裂,裂片倒卵形,花片披针形,4 裂;4 个雄蕊,外露。蒴果椭圆形,含 5~8 粒长圆形种子(图 F1-39)。

【防治方法】

在杂草发生盛期,50%扑灭通可湿性粉剂 2.25 kg/公顷,对水 450~750 L 喷施。

5. 牛筋草

【别名】

老驴拽、千千踏、忝仔草、粟仔越、野鸡爪、粟牛

图 F1-37 加拿大一枝黄花形态(二)

图 F1-38 狗尾草形态

图 F1-39 车前草形态

茄草。

【形态特征】

茎秆丛生,斜升或倒卧,有的近直立,株高 15~90 cm。叶片条形;叶鞘扁,鞘口具毛,叶舌短。穗状花序 2~7 枚,呈指状排列在秆端;穗轴稍宽,小穗成双行密生在穗轴的一侧,有小花 3~6 个;颖和稃无芒,第一颖片较第二颖片短,第一外稃有 3 脉,具脊,脊上粗糙,有小纤毛。颖果卵形,棕色至黑色,具明显的波状皱纹。靠种子繁殖(图 F1-40)。

图 F1-40 牛筋草形态

【防治方法】

(1) 人工拔除。

(2) 10%草甘膦水剂 900~1 200 mL/亩,兑水 30 kg;41%农达水剂 200~250 mL/亩,兑水 30 kg,喷施。

6. 香附子

【别名】

莎草、三棱草、水葱子、野韭菜。

【形态特征】

第一片真叶线状披针形,有 5 条明显的平行脉。根状茎匍匐、细长,顶端着生椭圆形棕。褐色块茎。秆锐三棱形,直立,散生。叶基生,短于秆。鞘棕色,老时裂成纤维状。长侧枝聚伞花序,有开展的辐射枝,叶状总苞,辐射枝末端穗状花序有小穗,小穗线形,小穗轴有白色透明宽翅,鳞片卵形,膜质,两侧紫红色,中间绿色。小坚果,长圆形,三棱状,横切面三角形,两面相等,另一面较宽,角圆钝,边直或稍凹。表面灰褐色,具细点,果脐圆形至长圆形,黄色(图 F1-41)。

图 F1-41 香附子形态

【防治方法】

(1) 人工防除,但很难除根。

(2) 灭莎净 200~300 倍液喷雾处理,一次用药即可。

7. 天胡荽

【别名】

步地锦、破铜钱、鸡肠菜、盆上芫茜。

【形态特征】

多年生草本,有气味。茎细长而匍匐,平铺地上成片。叶圆形或肾形,直径 0.5～3.5 cm,不分裂或有 5～7 裂片,边缘有钝齿,表面光滑,背面有柔毛,或两面光滑至密生柔毛;叶柄长 0.5～9 cm。伞形花序与叶对生,单生于节上,伞校长 0.5～3 cm;总苞片 4～10,倒披针形,长约 2 mm;每伞形花序有花 10～15朵,花无柄或有短柄;萼齿缺乏;花瓣卵形,绿白色。果实略呈心形,长 1～1.5 mm,宽 1.5～2 mm;果实侧面扁平,光滑或有斑点,中棱略锐。花期 5 月(图F1-42)。

图 F1-42 天胡荽形态

【防治方法】

使用坪安 1 号坪阔净 100～150 mL/亩,喷施。

8. 马兰

【别名】

马兰头、鱼鳅串、泥鳅串、鸡儿肠、田边菊、路边菊、蓑衣草、紫菊、马兰菊、蟛蜞菊、红梗菜、散血草。

【形态特征】

多年生草本,地下有细长根状茎,匍匐平卧,白色有节。初春仅有基生叶,茎不明显,初夏地上茎增高,基部绿带紫红色,光滑无毛。单叶互生近无柄,叶片倒卵形、椭圆形至披针形。秋末开花,头状花序。瘦果扁平倒卵状,冠毛较少,弱而易脱落。茎直立,高 30～80 cm。茎生叶披针形,倒卵状长圆形,长 3～7 cm,宽 1～2.5 cm,边缘中部以上具 2～4 对浅齿,上部叶小,全缘。头状花序呈疏伞房状,总苞半球形,直径 6～9 mm,总苞片 2～4 层。边花舌状,紫色;内花管状,黄色(图F1-43)。

图 F1-43 马兰形态

【防治方法】

杂草生长盛期,用 30%草甘膦油悬浮剂 1 125～2 250 mL/hm², 或 41%农达水剂 133 g/亩, 喷施。

9. 早熟禾

【别名】

小青草、小鸡草、冷草、绒球草。

【形态特征】

茎秆细弱、丛生、直立或稍倾斜, 株高 8～30 cm。叶鞘多从植株中部以下闭合, 无毛; 叶舌圆头膜质; 叶片质地较软; 圆锥花序呈开展状, 每节具分枝 1～3 枝, 小穗有花 3～5 朵; 颖质薄, 一颖较二颖短, 有 1 条脉, 二颖有 3 脉; 外稃边缘及其顶端膜质, 有 5 脉, 脊及边脉下部生茸毛, 脉间无毛, 有的基部具柔毛, 基盘无绵毛; 一外稃长 3～4 mm, 内、外稃等长或略短, 脊上有长柔毛。颖果近纺锤状。种子繁殖(图 F1 - 44)。

图 F1 - 44　早熟禾形态

【防治方法】

用坪阔净、消莎、使他隆、麦草畏、快灭灵、巨星等禾本科杂草除草剂喷施。

F1.3　常见害虫

1. 黄刺蛾

【分类地位】

鳞翅目刺蛾科。别名洋辣子、八角。

【危害情况】

将叶片吃成很多孔洞、缺刻或仅留叶柄、主脉, 严重影响树势和果实产量。

【形态特征】

成虫:

体肥大, 黄褐色, 头胸及腹前后端背面黄色; 触角丝状, 灰褐色, 复眼球形黑色。前翅顶角至后缘基部 1/3 处和臀角附近各有 1 条棕褐色细线, 内侧线的外侧为黄褐色,内侧为黄色,沿翅外缘有棕褐色细线,黄色区有2个深褐色斑;后翅淡黄褐色,边缘色较深。

幼虫:

体长16~25 mm,肥大,呈长方形,黄绿色,背面有1紫褐色哑铃形大斑,边缘发蓝;胴部第二节以后各节有4个横列的肉质突起,上生刺毛与毒毛,其中以三、四、十、十一节者较大;气门红褐色,气门上线黑褐色,气门下线黄褐色。蛹椭圆形,黄褐色。

【生活习性】

河南、江苏、四川、浙江等地为1年2代,以老熟幼虫在枝条上结茧越冬。

图F1-45 黄刺蛾幼虫和成虫

【防治方法】

(1)冬季结合施肥和翻耕,将树根附近的枯枝落叶及表土清至行间,深埋入土。

(2)在成虫盛发期用频振式杀虫灯诱杀。

(3)夏季低龄幼虫群集时,摘除虫叶,人工捕杀幼虫。

(4)二、三龄幼虫发生初期用药防治,药剂可选50%辛硫磷乳油1 500倍液及2.5%氯氟氰菊酯乳油,或25%灭幼脲Ⅲ号胶悬剂1 000~2 000倍液,喷施。

2. 樟巢螟

【分类地位】

鳞翅目螟蛾科。别名樟丛螟、樟叶瘤丛螟。

【危害情况】

以幼虫取食樟树叶片。一、二龄幼虫取食叶片,三至五龄幼虫吐丝缀合小枝与叶片,形成鸟巢样的虫巢(图F1-46)。有的整株叶片几乎吃光,严重影响樟树生长。

【形态特征】

成虫:

翅展约28 mm,头胸体部呈灰褐色,翅内横线斑

图F1-46 樟巢螟虫巢

纹状,外横线曲折波浪状,内外横线间有淡色圆形斑纹。

幼虫:

黑灰至棕黑色,亚背线宽而深,老熟幼虫体长约23 mm(图 F1-47)。

【生活习性】

1年发生2代。老熟幼虫下树结薄茧后在浅土层中越冬。

【防治方法】

(1) 人工防治:冬季人工松土,降低虫口数量;用人工摘虫苞方法,摘下的虫苞集中烧毁。

(2) 生物防治:在 6 月份一代幼虫期喷施 1 000~1 500 倍 50 000 IU/mg 苏云金杆菌原药。

(3) 化学防治:在幼虫发生期(6 月份和 8 月份),可用 25% 杀虫双水剂 500 倍液(可加 0.1%的洗衣粉以提高药效),或 0.3% 高渗阿维菌素乳油 1 500~2 000 倍液喷雾防治。

图 F1-47 樟巢螟幼虫

3. 茶蓑蛾

【分类地位】

鳞翅目蓑蛾科。别名茶袋蛾、小袋蛾、小窠蓑蛾。

【危害情况】

幼虫在护囊(图 F1-48)中咬食叶片、嫩梢或剥食枝干、果实皮层,一、二龄幼虫咬食叶肉,留下一层表皮,被害叶形成半透明枯斑;三龄后则食成孔洞或缺刻,甚至仅留主脉,造成局部光秃。

【形态特征】

成虫:

成虫雌雄异型,雌成虫蛆状,体长 12~16 mm,足退化,无翅,胸腹部黄白色;头小,褐色;腹部肥大,后胸和腹部第七节各簇生一环黄白色绒毛。雄蛾体长 11~15 mm,翅展 22~30 mm,体翅暗褐色,触角呈双栉状,胸部、腹部具鳞毛;前翅翅脉两侧色略深,外缘

图 F1-48 茶蓑蛾护囊

中前方具近正方形透明斑2个。

幼虫：

体肥大，头黄褐色，两侧有暗褐色斑纹并列；胸腹部肉黄色，胸部背面具褐色纵纹2条。

【生活习性】

安徽、浙江、江苏、湖南12代，多以三、四龄幼虫在枝叶上的护囊内越冬。

【防治方法】

（1）发现虫囊及时摘除，集中烧毁。

（2）注意保护寄生蜂等天敌昆虫。

（3）在一、二龄幼虫期提倡喷洒每毫升含1亿活孢子的杀螟杆菌或青虫菌进行生物防治。

（4）幼虫低龄盛期喷洒50%辛硫磷乳油1 500倍液、2.5%溴氰菊酯乳油4 000倍液。

4. 侧柏毒蛾

【分类地位】

鳞翅目毒蛾科。

【危害情况】

幼虫在护囊中咬食叶片、嫩梢或剥食枝干、果实皮层，一、二龄幼虫咬食叶肉，留下一层表皮，被害叶形成半透明枯斑；三龄后则食成孔洞或缺刻，甚至仅留主脉，造成局部光秃。

【形态特征】

成虫：

体成褐色，体长14～20 mm，翅展17～33 mm。雌虫触角灰白色呈短栉齿状。前翅浅灰色，翅面有不显著的齿状波纹，近中室处有一暗色斑点，外缘较暗，布有若干黑斑，后翅浅黑色，带花纹。雄虫触角灰黑色，呈羽毛状，体色较雌虫深，为深近灰褐色，前翅花纹完全消失。

幼虫：

老熟时体长23 mm，全体近灰褐色，形成较宽的纵带。在纵带两边镶有不规则的灰黑色斑点,相连如带。腹部第6、7节背面中央各有一个淡红色的翻缩线。身体各节具有黄褐色毛瘤,上着生粗细不一的刚毛(图F1-49)。

【生活习性】

1年发生2代,以幼虫和卵在柏树皮缝和叶上过冬。

【防治方法】

(1)化学防治:在低龄幼虫期防治。用45%丙溴辛硫磷(国光依它)1 000倍液,或40%啶虫脒(必治)1 500~2 000倍液喷杀幼虫,可连用1~2次,间隔7~10天。

(2)5月下旬和9月中旬在树叶、树皮缝处人工捉蛹。6月上中旬和9月中下旬成虫羽化期利用黑光灯诱杀成虫,或用敌敌畏烟雾熏杀。

图F1-49 侧柏毒蛾幼虫

5. 斜纹夜蛾

【分类地位】

鳞翅目夜蛾科。别名夜盗虫、乌头虫。

【危害情况】

以幼虫为害全株、小龄时群集叶背啃食。三龄后分散为害叶片、嫩茎、老龄幼虫可蛀食果实。其食性既杂又危害各器官,老龄时形成暴食。

【形态特征】

成虫:

体长14~20 mm左右,翅展35~46 mm,体暗褐色,胸部背面有白色丛毛,前翅灰褐色,花纹多,内横线和外横线白色,呈波浪状,中间有明显的白色斜阔带纹(图F1-50)。

幼虫:

体长33~50 mm,头部黑褐色,胸部多变,从土黄色到黑绿色都有,体表散生小白点,冬节有近似三角形的半月黑斑一对(图F1-51)。

图F1-50 斜纹夜蛾成虫

【生活习性】

1年4～5代。以蛹在土下3～5 cm处越冬。

【防治方法】

(1) 清除杂草、翻耕晒土、随手摘除卵块和群集危害的初孵幼虫。

(2) 盛发期点黑光灯诱杀。糖醋液诱杀成虫。

(3) 50%氰戊菊酯乳油4 000～6 000倍液，或80%敌敌畏，或2.5%灭幼脲，或25%马拉硫磷1 000倍液，2～3次，隔7～10天1次，喷匀喷足。

6. 褐边绿刺蛾

【分类地位】

鳞翅目刺蛾科。别名青刺蛾、褐缘绿刺蛾、四点刺蛾。

【危害情况】

幼虫取食叶片，低龄幼虫取食叶肉，仅留表皮，老龄时将叶片吃成孔洞或缺刻，有时仅留叶柄，严重影响树势。

【形态特征】

成虫：

体长16 mm，翅展38～40 mm。触角棕色，雄栉齿状，雌丝状。头、胸、背绿色，胸背中央有一棕色纵线，腹部灰黄色。前翅绿色，基部有暗褐色大斑，外缘为灰黄色宽带，带上散有暗褐色小点和细横线，带内缘内侧有暗褐色波状细线。后翅灰黄色。

幼虫：

体长25～28 mm，头小，体短粗，初龄黄色，稍大黄绿至绿色，前胸盾上有1对黑斑，中胸至第8腹节各有4个瘤状突起，上生黄色刺毛束，第1腹节背面的毛瘤各有3～6根红色刺毛；腹末有4个毛瘤丛生蓝黑刺毛，呈球状；背线绿色，两侧有深蓝色点(图F1-52)。

【生活习性】

1年发生2代。以前蛹于茧内越冬，结茧场所于

图F1-51　斜纹夜蛾幼虫

图F1-52　褐边绿刺蛾幼虫

干基浅土层或枝干上。

【防治方法】

(1) 农业防治。结合营林措施,秋冬季摘虫茧,幼虫群集为害期人工捕杀,捕杀时注意幼虫毒毛。

(2) 根据成虫趋光性,利用黑光灯诱杀。

(3) 化学防治:在低龄幼虫期用45%丙溴辛硫磷(国光依它)1 000倍液,或国光乙刻(20%氰戊菊酯)1 500倍液+乐克(5.7%甲维盐)2 000倍混合液喷杀幼虫,可连用1~2次,间隔7~10天。

7. 葱兰夜蛾

【分类地位】

鳞翅目夜蛾科。

【危害情况】

幼虫会早晚爬出来取食,它喜欢生长在阴潮的环境下,该虫喜欢食葱兰。

【形态特征】

成虫:

黑色,具金属光泽。

幼虫:

主体黑色,具白色斑点。头部橙黄色,上有黑斑4枚。前胸橙黄,两侧各有3枚相连黑斑,背部中央具2黑斑;中、后胸各节前后各有白色斑5枚,接近胸足的2枚白斑相连,胸节间相连的腹面部分白色,且与胸部两侧下部的白斑相连接。第1、2腹节白斑较胸部略大,第3~8腹节每节前后各有白斑5枚,近背面3枚前大后小,近腹足2枚相连,第9节背部仅1枚白斑,尾足斑存在,每个腹节中间处一线具4枚小白斑,其中腹足基中间1枚,另2枚位于背面中斑的两侧,腹足4对,腹足基部中央具1白色斑,具腹足的腹节间相连部分呈橙色,无腹足的腹部腹节间部分呈白色,与腹足基白色斑相连接(图F1-53)。

图F1-53 葱兰夜蛾幼虫

【生活习性】

1年发生5~6代,末代老熟幼虫于11月下旬在寄主植物附近入土,化蛹越冬。8月份、9月份危害最严重。

【防治方法】

(1) 冬季或早春翻地,挖除越冬虫蛹。

(2) 幼虫发生时,喷施米满1 500倍、乐斯本1 500倍或辛硫磷乳油800倍,选择在早晨或傍晚幼虫出来活动(取食)时喷雾。

8. 木蠹蛾

【分类地位】

鳞翅目木蠹蛾科。

【危害情况】

幼虫孵化后,蛀入皮下取食韧皮部和形成层,以后蛀入木质部,向上向下穿凿不规则虫道。

【形态特征】

成虫:

中至大型蛾类,头部小,喙退化或无。触角通常为双栉齿状,极少为丝状;有些种类雄虫触角基部为双栉齿状,端部为丝状。雌雄相似,一般多为灰褐色。翅面饰以鳞片或毛,并有许多断纹(图F1-54)。

幼虫:

幼虫粗状,多为红色,前胸背板与臀板多具色斑,可借此鉴别虫种。蛹为动蛹,每一背侧环节上生1~2列锯齿或尖齿。

图F1-54 木蠹蛾成虫

【生活习性】

一年发生若干代,以幼虫在树干内越冬。幼虫活动期为3~10月,成虫多在4~7月出现,最晚可至10月。

【防治方法】

(1) 及时发现和清理被害枝干,消灭虫源。

(2) 用50%的敌敌畏乳油100倍液刷涂虫疤,杀死内部幼虫。

（3）树干涂白防止成虫在树干上产卵。

（4）成虫发生期结合其他害虫的防治,喷50%的辛硫磷乳油1 500倍液,消灭成虫。

9. 桑毛虫

【分类地位】

鳞翅目毒蛾科。别名黄尾白毒蛾、桑褐斑盗毒蛾、桑金毛虫、狗毛虫。

【危害情况】

幼虫取食叶片、幼芽,严重时将叶片食光。

【形态特征】

成虫：

体长12～18 cm,前后翅白色。雌蛾尾部有黄毛,前翅后缘有1茶褐色斑;雄蛾腹面从第3腹节起有黄毛,前翅有2个茶褐色斑。后翅均无纹,缘毛很长。卵扁球形灰黄色,卵块排列不规则,上盖雌蛾尾部黄毛(图F1-55)。

幼虫：

体长26 mm,黄色,有一条红色背线,头部黑褐色。各节体上有很多红、黑色毛疣,上生黑色及黄褐色长毛和松枝状白毛。在腹部6、7两节背面中央有一圆形突出黄色孔(图F1-56)。

图F1-55 桑毛虫幼虫

图F1-56 桑毛虫成虫

【生活习性】

江苏、浙江、四川地区一年发生3～4代,以3龄幼虫在粗皮缝或伤疤处结茧越冬。幼虫为害期分别发生在4月上旬、6月中旬、8月上旬、9月下旬。

【防治方法】

（1）灯光诱杀：利用新型高压黑光灯诱杀成虫。

（2）人工防治：利用幼虫群集越冬习性,结合秋、冬养护管理,消灭越冬幼虫。

（3）化学防治：在低龄幼虫期,用45%丙溴辛硫磷(国光依它)1 000倍液,或国光乙刻(20%氰戊菊酯)1 500 倍液+乐克(5.7%甲维盐)2 000 倍混合液喷杀,可连用 1~2 次,间隔 7~10 天。

10. 扁刺蛾

【分类地位】

鳞翅目刺蛾科。别名洋黑点刺蛾、辣子。

【危害情况】

以幼虫取食叶片为害,发生严重时,可将寄主叶片吃光,造成严重减产。

【形态特征】

成虫:

雌蛾体长 13~18 mm,翅展 28~35 mm。体暗灰褐色,腹面及足的颜色更深。前翅灰褐色、稍带紫色,中室的前方有一明显的暗褐色斜纹,自前缘近顶角处向后缘斜伸。雄蛾中室上角有一黑点(雌蛾不明显)。后翅暗灰褐色。

幼虫:

老熟幼虫体长 21~26 mm,宽 16 mm,体扁、椭圆形,背部稍隆起,形似龟背(图 F1-57)。全体绿色或黄绿色,背线白色。体两侧各有 10 个瘤状突起,其上生有刺毛,每一体节的背面有 2 小丛刺毛,第四节背面两侧各有一红点。

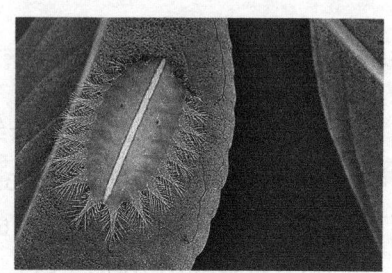

图 F1-57 扁刺蛾幼虫

【生活习性】

长江下游地区 2 代,以老熟幼虫在树下 3~6 cm 土层内结茧以前蛹越冬。幼虫为害期分别发生在 4 月上旬、6 月中旬、8 月上旬、9 月下旬。

【防治方法】

(1) 农业防治:结合营林措施,挖除树基四周土壤中的虫茧,减少虫源。

(2) 化学防治:在低龄幼虫期,用 45%丙溴辛硫磷(国光依它)1 000 倍液,或国光乙刻(20%氰戊菊酯)1 500 倍液+乐克(5.7%甲维盐)2 000 倍混合液喷杀。

11. 褐带卷叶蛾

【分类地位】

鳞翅目卷蛾科。

【危害情况】

幼虫食害幼嫩的芽、叶、花蕾,常吐丝连缀 2 片至 3 片叶片或纵卷 1 叶,潜藏在卷叶内危害,受害严重时不能展叶,严重的使整个叶片残缺不全,影响观赏价值。

【形态特征】

成虫:

体长 8~11 mm,翅展 16~25 mm。体及前翅褐色,雌成虫前翅前缘稍呈弧形拱起,外缘较直,顶角不突出,翅面具网状细纹。基斑、中带和端纹均为深褐色。中带下半部增宽,其内侧中部呈角状突起,外侧略弯曲。后翅灰褐色。下唇须前伸。腹面光滑,第 2 节最长。雄成虫前翅前缘呈弧形拱起更明显,中带深褐色前窄后宽,其内缘中部凸出,外缘略弯曲,基斑褐色(图 F1-58)。

图 F1-58 褐带卷叶蛾成虫

幼虫:

体长 19~22 mm。体绿色,头近方形,头及前胸背板淡绿色,大多数个体前胸背板后缘两侧各有一黑斑,毛片淡褐色。腹部末端具臀节。头部单眼区黑色,单眼 6 枚。

【生活习性】

每年发生 2、3 代,以幼龄幼虫在树干粗皮缝、剪锯口裂缝、死皮缝隙和疤痕等处做白色薄茧越冬。

【防治方法】

在 6 月上旬注意防治第一代幼虫。

(1) 人工捕捉:在幼虫危害初期,及时摘除包裹着幼虫或蛹的受害叶片。

(2) 灯光诱杀成虫:设置杀虫灯诱杀成虫。

(3) 化学防治:用 75% 辛硫磷乳油 1 000 倍液,或 90% 晶体敌百虫 800~1 000 倍液,或 80% 敌敌畏乳油 800~1 000 倍液，或 10% 氯氰菊酯乳油 2 000~2 500 倍液，喷雾防治。

12. 桑天牛

【分类地位】

鞘翅目天牛科。别名褐天牛、粒肩天牛、铁炮虫。

【危害情况】

成虫食害嫩枝皮和叶；幼虫于枝干的皮下和木质部内，向下蛀食，隧道内无粪屑，隔一定距离向外蛀一通气排粪屑孔，排出大量粪屑，削弱树势，重者枯死。

【形态特征】

成虫：

体黑褐色，密生暗黄色细绒毛；触角鞭状；第 1、2 节黑色，其余各节灰白色，端部黑色；鞘翅基部密生黑瘤突，肩角有黑刺一个（图 F1-59）。

幼虫：

老龄体长 60 mm，乳白色，头部黄褐色，前胸节特大，背板密生黄褐色短毛，和赤褐色刻点，隐约可见"小"字形凹纹。

【生活习性】

2 年生 1 代，以幼虫在枝干内越冬。

【防治方法】

（1）成虫发生期及时捕杀成虫，消灭在产卵之前。

（2）喷药防治。成虫发生期，向树干喷洒 40% 国光必治乳油 800 倍液杀灭成虫。

（3）虫孔注药。幼虫危害期（6~8 月），用小型喷雾器从虫道注入国光防蛀液剂，然后用黏泥或塑料袋堵注虫孔。

（4）熏蒸防治。用磷化铝片堵孔，黄土封口，杀死幼虫。每孔放 20 片（3 g/片）。

图 F1-59 桑天牛成虫

13. 薄翅锯天牛

【分类地位】

鞘翅目天牛科。别名中华薄翅天牛、薄翅天牛、大棕天牛。

【危害情况】

幼虫于枝干皮层和木质部内蛀食,隧道走向不规律,内充满粪屑,削弱树势,重者枯死。

【形态特征】

成虫:

头黑褐色,咀嚼式口器。复眼肾形黑色,复眼之间有黄色绒毛,触角红茶色。胸黑褐色,前胸与中、后胸分离,中后胸联合并密被绒毛;中胸短而狭,背板有三角形小盾片,后胸大而宽,腹面有光泽。前翅2对,鞘翅红茶色,后翅为1对薄膜翅。腹部6节,红褐色有光泽。足6个,红茶色(图F1-60)。

幼虫:

老熟幼虫长4.0 cm,胸宽1.15 cm,黄白色,每腔节侧面各有一对气孔,无足。

图 F1-60 薄翅锯天牛成虫

【生活习性】

1、2年发生1代,以幼虫在寄主蛀道内越冬。

【防治方法】

(1) 保护树体。于成虫羽化前封闭树疤、烂洞,以阻止其在树体上产卵。

(2) 人工捕捉成虫,减少虫源,及时掏杀幼虫,掏清后用水泥填好树洞,以防止害虫再次侵入,并可起到增强树干支撑的作用。

(3) 药剂毒杀。将磷化铝药剂塞入树洞中,密封洞口毒死害虫。

14. 桃红颈天牛

【分类地位】

鞘翅目天牛科。别名铁炮虫、哈虫。

【危害情况】

以幼虫蛀食树干,使树势衰弱,叶片变小、枯黄,甚至全株枯死。

【形态特征】

成虫:

体长 24~37 mm,除前胸背部棕红色外,其余部分均为黑色(图 F1-61)。头、翅鞘及腹面有黑色光泽,触角及足有蓝色光泽。雄虫触角约为体长的 1.5 倍,雌虫触角比身体稍长。

幼虫:

老熟时体长 42~50 mm,黄白色,头部小,黑褐色,上颚发达,前胸背板呈宽阔扁平形,基部有暗褐色斑,胸足三对,不发达。

【生活习性】

2 年发生 1 代,以各龄幼虫在蛀食的虫道内越冬。

【防治方法】

(1) 捕捉成虫。6、7 月间,成虫发生盛期,可进行人工捕捉。

(2) 涂白树干。4、5 月间,即在成虫羽化之前,可在树干和主枝上涂刷"白涂剂"。

(3) 药剂防治。清理一下树干上的排粪孔,用一次性医用注射器,向蛀孔灌注 50% 敌敌畏 800 倍液或 10% 吡虫啉 2 000 倍液,然后用泥封严虫孔口。用杀灭天牛幼虫的专用磷化铝毒签插入虫孔。

图 F1-61 桃红颈天牛成虫

15. 臭椿沟眶象

【分类地位】

鞘翅目象甲科。

【危害情况】

幼虫主要蛀食根部和根际处,造成树木衰弱以至死亡。

【形态特征】

成虫:

体长 11.5 mm 左右,宽 4.6 mm 左右。黑色或灰黑色。头部有小刻点,前胸背板及鞘翅上密被粗大刻点。前胸几乎全部、鞘翅肩部及后端部密被雪白鳞片(图 F1-62)。

幼虫:

长 10~15 mm,头部黄褐色,胸、腹部乳白色,每节背面两侧多皱纹。

图 F1-62 臭椿沟眶象成虫

【生活习性】

1 年发生 2 代,以幼虫或成虫在树干内或土内越冬。

【防治方法】

(1) 加强检疫,严禁调入带虫植株;清除严重受害株及时烧毁。

(2) 人工捕捉成虫。

(3) 药杀幼虫:在幼虫为害处注入 80% 敌敌畏 50 倍液或 40% 久效磷 100 倍液,并用药液与黏土和泥涂抹于被害处。

(4) 根部埋药:根部埋 3% 的呋喃丹颗粒。

16. 长足大竹象

【分类地位】

鞘翅目象甲科。别名竹横锥大象。

【危害情况】

成虫、幼虫均取食竹笋,造成大量退笋、断头竹和畸形竹。

【形态特征】

成虫:

雌成虫体长 26~38 mm,雄成虫体长 25~40 mm。体色为橙黄色、黄褐色或黑褐色。头管自头部前方伸出,长 10~12 mm。触角膝状,着生于头管后方两侧沟槽中。前胸背板呈圆形隆起,前缘有约 1 mm 宽的黑色边,后缘有一箭头状的黑斑。鞘翅上有 9 条纵沟、外缘圆,臀角有一尖刺,前足腿节、胫节比中足腿节、胫节长，前足胫节内侧密生一列棕色毛（图F1-63）。

幼虫：

初孵幼虫体长5 mm，全体乳白色，以后头壳渐变为黄褐色，体节不明显。老熟幼虫体长46～55 mm，前胸背板有黄色大斑，斑上有一"八"字形褐斑。

【生活习性】

1年发生1代，以成虫在土中蛹室内越冬。

【防治方法】

（1）农业防治。对竹林劈山松土，破坏越冬土茧；还可于成虫盛发期，利用其伪死性，振落捕捉。

（2）药剂防治。林间发现有虫为害时，可用40%氧化乐果或废机油涂于竹秆或笋壳上，防止上树为害。

图F1-63 长足大竹象成虫

17. 白蚁

【分类地位】

等翅目。别名虫尉、大水蚁。

【危害情况】

取食树木的根茎部，并在树木上修筑泥被，啃食树皮，亦能从伤口侵入木质部为害。

【形态特征】

成虫：

有翅成蚁头、胸和腹背面红褐色，前胸背板中央有一淡色的"＋"形纹；翅黄色，足棕黄色。

兵蚁：大兵蚁头部特别大，最宽处位在头壳的中后部，深黄色；上颚粗壮、镰刀状，黑色，右上颚无齿。小兵蚁体形比大兵蚁小得多，体色较淡；头卵形，后侧角圆形。

工蚁（图F1-64）：大工蚁头圆形，棕黄色；胸腹浅棕黄色，前胸背板宽约为头宽的一半，前缘翘起；腹部膨大如橄榄形。小工蚁体色比大工蚁浅，其余与大工蚁略同。

图F1-64 白蚁工蚁

蚁后：头、胸部黑褐色，无翅，腹部椭圆形，红褐色。

【生活习性】

1年发生1代，以成虫在土中蛹室内越冬。

【防治方法】

(1) 农业防治。在种植坑穴中施放适量石灰、草木灰或火烧泥土，可减少白蚁侵害苗木。

(2) 诱杀白蚁。灯光诱杀。土坑诱杀。

(3) 药剂防治。用药喷淋蚁巢、蚁路或受害植株根茎，或喷在土坑中的诱饵上。药剂有：80%敌敌畏乳油500倍液，或40%辛硫磷乳油500～600倍液，或48%乐斯本乳油1 000～1 500倍液。

18. 红蜡蚧

【分类地位】

同翅目蜡蚧科。

【危害情况】

成虫和若虫密集寄生在植物枝杆上和叶片上，吮吸汁液危害。能诱发煤污病，致使植株长势衰退，树冠萎缩，全株发黑，严重危害则造成植物整株枯死。

【形态特征】

成虫：

雌成虫：椭圆形，背面有较厚暗红色至紫红色的蜡壳覆盖，蜡壳顶端凹陷呈脐状(图F1-65)。有4条白色蜡带从腹面卷向背面。虫体紫红色。

雄成虫：体暗红色，前翅一对，白色半透明。

【生活习性】

1年1代，以受精雌成虫在植物枝杆上越冬。

【防治方法】

(1) 人工防治：发生初期，及时剔除虫体或剪除多虫枝叶，集中销毁。

(2) 农业防治：及时合理修剪，改善通风、光照条件，将减轻危害。

图F1-65 红蜡蚧介壳

(3) 药剂防治：喷施 40%速扑杀乳油 1 500 倍，或 40%乐果乳油 800~1 000 倍液。

19. 日本壶蚧

【分类地位】

同翅目壶蚧科。别名藤壶蚧、壶链蚧。

【危害情况】

刺吸植物汁液。诱发煤污病，造成树冠变黑。

【形态特征】

成虫：

雌成虫体长为 5 mm 左右，高 4 mm 左右。介壳外形似藤条编的茶壶，红褐色，较坚硬，后方有个壶嘴状突起（图 F1-66）。介壳周围有放射状白色蜡带（图 F1-67）。若虫椭圆形。

图 F1-66　日本壶蚧介壳（一）

【生活习性】

1 年发生 1 代，以受精雌成虫在枝条上越冬。

【防治方法】

(1) 发生轻时用牙签剔除虫体。秋冬季刮除或剪掉有虫枝。

(2) 室内注意通风透光。

(3) 严重发生时，喷施 40%速扑杀乳油 1 500 倍，或 40%乐果乳油 800~1 000 倍液。

图 F1-67　日本壶蚧介壳（二）

20. 吹绵蚧

【分类地位】

同翅目硕蚧科。别名吹绵蚧壳虫、绵团蚧、白蚰、白蜱。

【危害情况】

群集在树木叶背、嫩梢及枝条上为害，受害后枝枯叶落、树势衰弱，甚至全株枯死，并排泄"蜜露"，诱发煤污病。

【形态特征】

成虫：

雌成虫桔红色,椭圆形,长 4~7 mm、宽 3~3.5 mm,腹面扁平,背面隆起,呈龟甲状;体被白而微黄的蜡粉及絮状蜡丝。雄成虫体小细长,桔红色,长 2.9 mm,黑色前翅长而狭、翅展 6 mm,口器退化;黑色触角。

【生活习性】

长江流域 2、3 代,以若虫、成虫或卵越冬。温暖高湿气候有利于该虫发生,过于干旱及霜冻天气对其不利。

【防治方法】

(1) 人工防治。随时检查,用手或用镊子捏去雌虫和卵囊,或剪去虫枝、叶。

(2) 生物防治。保护或引放大红瓢虫、澳洲瓢虫,捕食吹绵蚧。

(3) 药物防治。在初孵若虫散转移期,可喷施 40%氧化乐果 1 000 倍液,或 50%杀螟松 1 000 倍液,或用普通洗衣粉 400~600 倍液,每隔 2 周左右喷 1 次,连续喷 3~4 次。

21. 日本纽绵蚧

【分类地位】

同翅目绵蚧科。

【危害情况】

以若虫和雌成虫在寄主枝上吸取汁液,尤其在嫩枝上危害严重,使开花程度和生长势明显下降,直至枝梢枯死。

【形态特征】

成虫:

雌体长 8 mm,宽 5 mm。卵圆形或圆形,体背有红褐色纵条,体黄白色,带有暗褐色斑点;背部隆起,呈半个豌豆形,背腹体壁柔软,膜质;老熟产卵时体背分泌蜜露,腹部慢慢产生白色卵囊,向后延伸,随着卵量增加卵囊向上弓起,逐渐形成扭曲的"U"形。卵囊伸长 45～50 mm，宽 3 mm 左右（图 F1-68）。

【生活习性】

1 年发生 1 代，以受精雌成虫在枝条上越冬。

【防治方法】

（1）于 5 月上中旬若虫孵化盛期抓紧喷洒 20% 灭扫利乳油 1 500～2 000 倍液、2.5% 功夫菊酯乳油 2 500～3 000 倍液、20% 速灭杀丁乳油 2 500～3 000 倍液等进行防治。

（2）6～9 月应采用无公害农药防治，如花保 100 倍、1.5% 烟·参碱乳油 800 倍、烟草水 100 倍液。

（3）冬季越冬期可用松脂合剂 30 倍液进行防治。

（4）保护利用天敌，如红点唇瓢虫、草蛉、寄生蜂等。

（5）剪除虫枝或刷除虫体。

图 F1-68　日本纽绵蚧介壳和卵囊

22. 紫薇绒蚧

【分类地位】

同翅目绒蚧科。

【危害情况】

以若虫、雌成虫聚集于小枝叶片主脉基部和芽腋、嫩梢或枝干等部位刺吸汁液；会诱发严重的煤污病，会导致叶片、小枝呈黑色。

【形态特征】

成虫：

雌成虫扁平，椭圆形，长约 2～3 mm，暗紫红色，老熟时外包白色绒质蚧壳（图 F1-69）。雄成虫体长约 0.3 mm，翅展约 1 mm，紫红色。

【生活习性】

1 年发生 3 代，以受精雌虫、二龄若虫或卵在枝干的裂缝内越冬。

【防治方法】

（1）园艺防治。结合冬季整形修剪，清除虫害危

图 F1-69　紫薇绒蚧介壳

害严重、带有越冬虫态的枝条。

(2) 药剂防治。早春萌芽前喷洒波美 3~5 度石硫合剂,杀死越冬若虫。苗木生长季节,在若虫孵化期用药,可喷洒 40% 速蚧克(即速扑杀)乳油 1 500 倍液,或 48% 毒死蜱乳油(乐斯本) 1 200 倍液,或 40% 氧化乐果乳油 1 000 倍液,或 50% 杀螟松乳油 800 倍液等。

23. 草履蚧

【分类地位】

同翅目绵蚧科。别名草鞋蚧,桑虱。

【危害情况】

若虫和雌成虫常成堆聚集在芽腋、嫩梢、叶片和枝杆上,吮吸汁液危害,造成植株生长不良,早期落叶。

【形态特征】

成虫:

雌成虫体长达 10 mm 左右,背面棕褐色,腹面黄褐色,被一层霜状蜡粉。足黑色,粗大。体扁,沿身体边缘分节较明显,呈草鞋底状(图 F1-70)。

雄成虫体紫色,长 5~6 mm,翅展 10 mm 左右。翅淡紫黑色,半透明。触角呈念珠状。

图 F1-70 草履蚧成虫

【生活习性】

1 年发生 1 代。以卵在土中越夏和越冬。若虫、成虫的虫口密度高时,往往群体迁移,爬满附近墙面和地面,令人厌恶。

【防治方法】

(1) 园艺防治:在雄虫化蛹期、雌虫产卵期,清除附近墙面虫体。

(2) 生物防治:保护和利用天敌昆虫,例如红环瓢虫。

(3) 药剂防治:孵化始期后 40 天左右,喷施 30 号机油乳剂 30~40 倍液,或 25% 西维因可湿性粉剂

400～500倍液,或喷5%吡虫啉乳油;或50%杀螟松乳油1 000倍液。

24. 栾多态毛蚜

【分类地位】

同翅目毛蚜科。别名蜜虫。

【危害情况】

刺入植物的茎、叶及幼嫩部位,吮吸汁液,使叶片蜷缩变形,干枯死亡,枝叶生长停滞,严重时嫩枝布满虫体,影响枝条生长,造成树势衰弱,甚至死亡。

【形态特征】

成虫:

无翅孤雌蚜体长为3 mm左右,长卵圆形。黄褐色、黄绿色或墨绿色,胸背有深褐色瘤3个,呈三角形排列,两侧有月牙形褐色斑。触角、足、腹管和尾片黑色,尾毛27～32根。有翅孤雌蚜体长为3 mm,翅展6 mm左右,头和胸部黑色,腹部黄色,体背有明显的黑色横带(图F1-71)。

图F1-71 栾多态毛蚜成虫

【生活习性】

1年数代,以卵在芽缝、树皮伤疤、树皮裂缝处越冬。4月中下旬至5月份危害最严重。

【防治方法】

(1)于若蚜初孵期开始喷洒蚜虱净2 000倍液、土蚜松乳油。

(2)于初发期及时剪掉树干上虫害严重的萌生枝,消灭初发生尚未扩散的蚜虫。

(3)注意保护和利用瓢虫、草蛉等天敌。

25. 青桐木虱

【分类地位】

同翅目木虱科。

【危害情况】

若虫和成虫多群集青桐叶背和幼枝嫩干上吸食

危害,致使叶面呈苍白萎缩症状;且因同时招致霉菌寄生,使树木受害更甚。严重时树叶早落,枝梢干枯。

【形态特征】

成虫:

体黄绿色,体长4~5 mm,头端部明显下陷,复眼半球状突起,红褐色。触角上半部分深褐色,最后两节黑色。前胸背板前缘、后缘黑褐色。足黄色,爪黑色。翅透明,翅脉浅褐色。腹部背板浅黄色,腹部各节前端有褐色横带。

【生活习性】

1年发生2代,以卵在枝干上越冬。若虫潜居生活于白色蜡质物中(图F1-72),行走迅速;成虫飞翔力差,有很强的跳跃能力。

【防治方法】

10%蚜虱净粉2 000~2 500倍液、2.5%吡虫啉1 000倍液或1.8%阿维菌素2 500~3 000倍液,喷施。

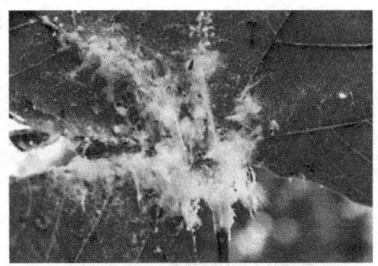

图 F1-72 青桐木虱分泌蜡质

26. 杜鹃网蝽

【分类地位】

半翅目网蝽科。别名杜鹃冠网蝽、杜鹃军配虫。

【危害情况】

以成虫和若虫刺吸为害杜鹃叶片,叶片正面出现小白色斑点,所排泄的粪便,使叶背呈现锈黄色斑。严重时,影响杜鹃正常生长,导致提早落叶和不能开花。

【形态特征】

成虫:

体长3.6 mm,宽1.89 mm。体黑褐色。头部褐色。前胸背板黄褐,密布刻点,三角突不具刻点,具网室。头兜宽大,长椭圆形,头全部为头兜所覆盖。前翅较宽大而长;翅面密布网状纹,翅脉暗褐色;"X"形褐斑较明显(图F1-73)。

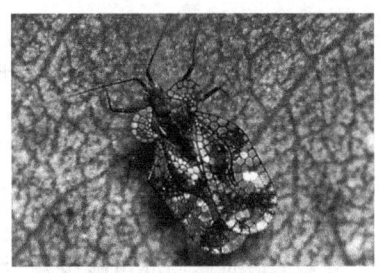

图 F1-73 杜鹃网蝽成虫

【生活习性】

1年发生4、5代。以成虫在落叶下、植株翘皮内、土隙中越冬。高温干燥,通风的环境有利于大量繁殖为害。

【防治方法】

(1) 加强花木养护管理。加强水肥,增强树势;及时清除杂草和落叶,创造不利于害虫发生条件。

(2) 消灭越冬虫。9月成虫越冬前,树干绑草诱集和秋冬季刮老皮缝。

(3) 药剂防治。5月中下旬的若虫期喷施29%净叶宝乳油1 500倍液防治;或1‰苦参碱醇溶液800倍液防治。

27. 悬铃木方翅网蝽

【分类地位】

半翅目网蝽科。

【危害情况】

成虫和若虫以刺吸寄主树木叶片汁液为害为主,受害叶片正面形成许多密集的白色斑点,叶背面出现锈色斑。

【形态特征】

成虫:

虫体乳白色,体长3.2～3.7 mm,头兜发达,盔状,头兜的高度较中纵脊稍高;头兜、侧背板、中纵脊和前翅表面的网肋上密生小刺;前翅显著超过腹部末端,静止时前翅近长方形;足细长,腿节不加粗(图F1-74)。

图 F1-74 悬铃木方翅网蝽成虫

【生活习性】

1年可发生2～5代或更多世代。以成虫在寄主树皮下或树皮裂缝内越冬。

【防治方法】

(1) 秋季刮除疏松树皮层。

(2) 适时修剪亦可减少发生世代数。

(3) 通常采用的方式有树冠喷雾、树干喷雾和树干注射等。药剂有 10% 吡虫啉 600～800 倍液或 40% 氧化乐果 800～1 000 倍液,或 48% 毒死蜱乳油 800～1 000 倍液。

28. 夹竹桃蚜

【分类地位】

同翅目蚜科。

【危害情况】

以成、若蚜群集于嫩叶、嫩梢上吸食汁液。分泌的蜜露常粘盖叶面,尤以幼叶受害为重。同时诱发煤污病的发生。

【形态特征】

成虫:

无翅孤雌蚜:体长 2.3 mm,宽 1.2 mm,呈卵圆形,体黄色,第 8 腹节有明显斑纹。体表有明显网纹。中额瘤隆起,顶端平。腹管长筒形,尾片呈舌状,中部收缢,上有长曲毛 11～14 根(图 F1-75)。

有翅孤雌蚜:体长 2.1 mm,宽 1.0 mm,长卵形;头、胸黑色。腹部第 2～4 节有小缘瘤,腹管长圆筒形。

【生活习性】

1 年发生 20 余代,常以成若蚜在顶梢、嫩叶及芽腋隙缝处越冬。一年内有两次危害高峰期,即 5～6 月,9～10 月。

【防治方法】

(1) 成虫出现高峰期以网捕捉,减少虫源。

(2) 产卵期摘除有卵叶片。

(3) 在危害盛期喷洒 50% 抗蚜威可湿性粉剂 5 000 倍液、350% 灭蚜松乳油 1 000～1 500 倍液、25% 功夫乳油 3 000 倍液。

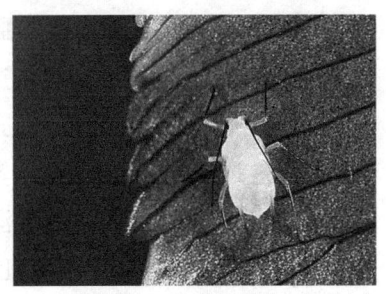

图 F1-75 夹竹桃蚜成虫

29. 蛴螬

【分类地位】

鞘翅目金龟总科。别名白土蚕、核桃虫。

【危害情况】

喜食刚播种的种子、根、块茎以及幼苗,是世界性的地下害虫,危害很大。

【形态特征】

幼虫:

体肥大,体型弯曲呈 C 型,多为白色,少数为黄白色。头部褐色,具胸足 3 对,一般后足较长(图 F1-76)。

【生活习性】

一到两年 1 代,幼虫和成虫在土中越冬,成虫即金龟子,白天藏在土中,晚上 8～9 时进行取食等活动。

图 F1-76　蛴螬幼虫

【防治方法】

(1) 清除田间杂草。秋冬翻地。防止使用未腐熟有机肥料,以防止招引成虫来产卵。

(2) 在成虫盛发期,可用乙刻 1 000～1 500 倍液,或依它 1 000～1 500 倍液喷雾防治。用 80% 敌百虫可溶性粉剂和 25% 西维因可湿性粉剂各 800 倍液灌根,每株灌 150～250 g,可杀死根际附近的幼虫。

(3) 设置黑光灯诱杀成虫,减少蛴螬的发生数量。

30. 大地老虎

【分类地位】

鳞翅目夜蛾科。别名黑虫、地蚕、土蚕、切根虫、截虫。

【危害情况】

幼虫将蔬菜幼苗近地面的茎部咬断,使整株死亡,造成缺苗断垄,严重的甚至毁种。

【形态特征】

成虫:

体长 20～22 mm,头部、胸部褐色。腹部、前翅灰褐色,外横线以内前缘区、中室暗褐色,内横线波浪形,双线黑色,剑纹黑边窄小,环纹具黑边圆形褐色,肾纹大具黑边,褐色,外侧具1黑斑近达外横线,中横线褐色,外横线锯齿状双线褐色,后翅浅黄褐色(图F1-77)。

幼虫:

老熟幼虫体长41~61 mm,黄褐色,体表皱纹多,颗粒不明显。头部褐色(图F1-78)。

【生活习性】

1年发生1代,以3~6龄幼虫在土表或草丛潜伏越冬。

【防治方法】

(1) 农业防治。早春清除杂草。

(2) 诱杀防治。一是黑光灯诱杀成虫。二是糖醋液诱杀成虫。三是毒饵诱杀幼虫。四是堆草诱杀幼虫。

(3) 化学防治。在根部用2.5%溴氰菊酯或20%氰戊菊酯3 000倍液、90%敌百虫800倍液,或50%辛硫磷800倍液喷施。

31. 蝼蛄

【分类地位】

直翅目蝼蛄科。别名耕狗、拉拉蛄、扒扒狗、土狗崽。

【危害情况】

夜间和清晨在地表下活动。潜行土中,形成隧道,使作物幼根与土壤分离,因失水而枯死。蝼蛄食性复杂,为害谷物、蔬菜及树苗。

【形态特征】

成虫:

前足适于铲土,体圆柱形,头尖,体被绒状细毛。有翅,夜间可出洞。产卵管不突出(图F1-79)。

【生活习性】

1年发生1代,以成虫和若虫在土中越冬。成虫

图F1-77 大地老虎成虫

图F1-78 大地老虎幼虫

图F1-79 蝼蛄成虫

有趋光性,喜欢在砂壤土或粉沙壤土、多腐殖质地里生活。

【防治方法】

(1) 灯光诱杀。根据成虫趋光性,可利用灯光诱杀。

(2) 挖穴灭卵。根据不同蝼蛄的产卵特点,铲去表土,发现洞口,顺口下挖,消灭卵和成虫。

(3) 毒饵、毒谷诱杀。可用 50% 辛硫磷乳油 100 mL 或 90% 晶体敌百虫 50 g,加炒香的饼糁 2.5~3 kg,加水 1~1.5 kg 拌匀,做成毒饵,于傍晚每亩撒毒饵 2~3 kg。

(4) 防治蛴螬的药剂对蝼蛄也有兼治作用。

附录 2

常见病害、害虫和杂草图片检索

F2.1 常见病害

图 F1-1　榉树叶斑病叶面症状 …… 105

图 F1-2　大叶黄杨叶斑病叶面症状 …… 105

图 F1-3　大叶黄杨叶斑病局部症状 …… 106

图 F1-4　月季黑斑病叶面症状（一） …… 106

图 F1-5　月季黑斑病叶面症状（二） …… 106

图 F1-6　桃叶穿孔病叶面症状 …… 107

图 F1-7　水杉赤枯病叶面症状 …… 107

图 F1-8　玉米纹枯病叶鞘症状 …… 108

图 F1-9　草坪草叶枯病局部症状（一） …… 108

图 F1-10　草坪草叶枯病叶面症状（二） …… 109

图 F1-11　山茶炭疽病叶面症状（一） …… 109

图 F1-12　山茶炭疽病叶面症状（二） …… 109

图 F1-13　香樟黄化病叶面症状（一） …… 110

图 F1-14　香樟黄化病叶面症状（二） …… 110

图 F1-15　栀子花黄化病叶面症状（一） …… 111

图 F1-16　栀子花黄化病叶面症状（二） …… 111

图 F1-17　松材线虫萎蔫病树干症状（一） …… 111

图 F1-18　松材线虫萎蔫病群体症状（二） …… 112

图 F1-19　大叶黄杨白粉病叶面症状 …… 112

图 F1-20　十大功劳白粉病叶面症状 …… 113

图 F1-21　悬铃木白粉病叶面症状 …… 113

图 F1-22　桧柏-梨锈病叶面症状 …… 114

图 F1-23　桧柏-梨锈病羊胡子症状 …… 114

图 F1-24　桧柏-梨锈病冬孢子角 …… 114
图 F1-25　草坪锈病叶面症状 …… 115
图 F1-26　煤污病叶面症状 …… 115
图 F1-27　根癌病根部症状 …… 116
图 F1-28　菊花白绢病根部症状 …… 117
图 F1-29　香樟溃疡病树干症状 …… 117
图 F1-30　泡桐丛枝病枝叶症状 …… 118
图 F1-31　竹丛枝病枝叶症状 …… 118
图 F1-32　猝倒病整株症状 …… 119
图 F1-33　菟丝子形态 …… 120

F2.2　常见杂草

图 F1-34　狗牙根形态(一) …… 121
图 F1-35　狗牙根形态(二) …… 121
图 F1-36　加拿大一枝黄花形态(一) …… 121
图 F1-37　加拿大一枝黄花形态(二) …… 122
图 F1-38　狗尾草形态 …… 122
图 F1-39　车前草形态 …… 122
图 F1-40　牛筋草形态 …… 123
图 F1-41　香附子形态 …… 123
图 F1-42　天胡荽形态 …… 124
图 F1-43　马兰形态 …… 124

F2.3　常见害虫

图 F1-44　早熟禾形态 …… 125
图 F1-45　黄刺蛾幼虫和成虫 …… 126
图 F1-46　樟巢螟虫巢 …… 126
图 F1-47　樟巢螟幼虫 …… 127
图 F1-48　茶蓑蛾护囊 …… 127
图 F1-49　侧柏毒蛾幼虫 …… 129
图 F1-50　斜纹夜蛾幼虫 …… 129
图 F1-51　斜纹夜蛾成虫 …… 130
图 F1-52　褐边绿刺蛾幼虫 …… 130

图 F1-53	葱兰夜蛾幼虫	…………………………………	131
图 F1-54	木蠹蛾成虫	…………………………………	132
图 F1-55	桑毛虫幼虫	…………………………………	133
图 F1-56	桑毛虫成虫	…………………………………	133
图 F1-57	扁刺蛾幼虫	…………………………………	134
图 F1-58	褐带卷叶蛾成虫	………………………………	135
图 F1-59	桑天牛成虫	…………………………………	136
图 F1-60	薄翅锯天牛成虫	………………………………	137
图 F1-61	桃红颈天牛成虫	………………………………	138
图 F1-62	臭椿沟眶象成虫	………………………………	139
图 F1-63	长足大竹象成虫	………………………………	140
图 F1-64	白蚁工蚁	……………………………………	140
图 F1-65	红蜡蚧介壳	…………………………………	141
图 F1-66	日本壶蚧介壳（一）	…………………………	142
图 F1-67	日本壶蚧介壳（二）	…………………………	142
图 F1-68	日本纽绵蚧介壳和卵囊	………………………	144
图 F1-69	紫薇绒蚧介壳	………………………………	144
图 F1-70	草履蚧成虫	…………………………………	145
图 F1-71	栾多态毛蚜成虫	………………………………	146
图 F1-72	青桐木虱分泌蜡质	……………………………	147
图 F1-73	杜鹃网蝽成虫	………………………………	147
图 F1-74	悬铃木方翅网蝽成虫	…………………………	148
图 F1-75	夹竹桃蚜成虫	………………………………	149
图 F1-76	蛴螬幼虫	……………………………………	150
图 F1-77	大地老虎成虫	………………………………	151
图 F1-78	大地老虎幼虫	………………………………	151
图 F1-79	蝼蛄成虫	……………………………………	151